雨水活用建築ガイドライン

Guideline for Rainwater Harvesting Architecture

2019

日本建築学会

本書のご利用にあたって
本書は，作成時点での最新の学術的知見をもとに，技術者の判断に資する技術の考え方や可能性を示したものであり，法令等の補完や根拠を示すものではありません．また，本書の数値は推奨値であり，それを満足しないことがただちに建築物の安全性，健康性，快適性，省エネルギー性，省資源・リサイクル性，環境適合性，福祉性を脅かすものでもありません．ご利用に際しては，本書が最新版であることをご確認ください．本会は，本書に起因する損害に対しては一切の責任を有しません．

ご案内
本書の著作権・出版権は(一社)日本建築学会にあります．本書より著書・論文等への引用・転載にあたっては必ず本会の許諾を得てください．
Ⓡ〈学術著作権協会委託出版物〉
本書の無断複写は，著作権法上での例外を除き禁じられています．本書を複写される場合は，学術著作権協会（03-3475-5618）の許諾を受けてください．

　　　　　　　　　　　　　　　　　　　　　　　一般社団法人　日本建築学会

序

　2014年に「水循環基本法」および「雨水の利用の推進に関する法律（以下，雨水利用推進法）」が施行された．この雨水利用推進法では，これまで排水として扱われてきた『雨水（うすい）』を，『雨水（あまみず）』と改められ，その利用を推進することで，水資源の有効な利用を図り，あわせて下水道，河川等への雨水の集中的な流出の抑制に寄与することを目的とし制定された．

　2015年には，国土形成計画，第4次社会資本整備重点計画において，「国土の適切な管理」「安全・安心で持続可能な国土」などの課題への対応の一つとして，自然の力を賢く活かす"グリーンインフラ"を推進していくことが盛り込まれた．

　また，本ガイドラインと対をなす日本建築学会環境基準「雨水活用技術規準」が2016年に刊行された．

　本ガイドラインは，個々の建築において，"雨をかりる"（雨水の利用）を主軸に，一時貯留，浸透，蒸発散といった"雨をかえす"方法にも触れながら，設計・製品・施工・運用の4つの段階において，雨水活用建築が目指すべきレベルを示している．

　一方，雨水活用技術規準では，個々の建築だけではなく，街単位や流域単位での雨水活用の取組みについて示している．"雨水を排出する"から"雨水を蓄える"「蓄雨（ちくう）」という新たな概念を掲げ，建築用途別での実践すべき内容や雨水活用の評価方法などについて数値基準を盛り込んだ形で技術規準としてまとめている．

　近年では，気象状況も変化してきており，「平成27年9月関東・東北豪雨」，「平成28年8月豪雨」，「平成29年7月九州北部豪雨」，「平成30年7月豪雨」など，1時間降水量が100mmを超え，また，数日間で月の降水量を上回るといった，これまでに経験したことのない局所的集中豪雨が発生し，甚大な被害をもたらしており，防災・減災の観点でも，雨水活用が注目されてきた．

　このように，本ガイドライン刊行後，"雨水活用"を取り巻く社会環境や自然環境が急速に変化した．これらに対応し，より多くの雨水活用建築を実践し，普及させていくために，今回の改定を行った．

　今回の改定では，雨水の利用を行うための必須項目である，集雨・保雨・整雨・配雨の順に配置しなおし，雨水の利用の計画や製品の選定，施工，運用についてより実践的にするとともに，雨水活用技術規準で定義された蓄雨，グリーンインフラといった新たな概念における雨水活用の方向性を示し，雨水の流出抑制のための一時貯留，水循環系の保全やヒートアイランド対策等のための浸透や蒸発散の項目について補足を行った．また，雨水活用に関する新たな技術や技術向上についても補足を行った．

2019年3月

日本建築学会

Summary

The "Basic Act on the Water Cycle" and the "Act to Advance the Utilization of Rainwater" (hereinafter referred to as the "Rainwater Promotion Act") were enacted in 2014.

This Rainwater Promotion Act opened a new era for rainwater by using the term "utilization of rainwater [雨水（amamizu）の利用]" instead of "rainwater utilization [雨水（*usui*）利用]." Both "*usui*" and "*amamizu*" mean "rainwater" in Japanese; however, "*amamizu*" includes the nuance of "blessing rain," thus it corresponds to "rainwater harvesting" in a broad sense. The "rainwater [*usui*]" treated as wastewater was redefined as "rainwater [*amamizu*]," and through promotion of its usage this act aims to make effective use of water resources. In addition, it was enacted with the aim of contributing to runoff control to counter the intensive outflow of rainwater into sewers and rivers.

In 2015, as a part of adaptations to issues such as "proper management of the national land" and "safe, secure and sustainable national land," the promotion of a "green infrastructure," which is aimed at the smart use of ecological functions, was included in the National Spatial Strategies and the Priority Plan for Infrastructure Development (The Cabinet Decision on September 18, 2015). Paired with this guideline, the Architectural Institute of Japan Environmental Standards published "Technical Standards for Rainwater Harvesting" in 2016.

This guideline describes the required standards for design, product, construction and operation and focuses on "rainwater utilization" in each architectural structure, while referring to methods of "rainwater circulation" such as temporary storage, penetration and evaporation at the same time.

Meanwhile, the "Technical Standards for Rainwater Harvesting" describes the idea of rainwater harvesting not only per architectural structure, but also per city unit or per basin. With the new concept of "rain stock（蓄雨）," which means "from draining rainwater to storing rainwater," contents to be practiced according to the category of architecture, and evaluation methods of rainwater harvesting are summarized as technical standard incorporating numerical values.

Lately, weather conditions have changed, and local events of concentrated torrential rain such as rainfalls exceeding 100 mm per hour, or rainfall over the period of a few days yielding more than the average monthly rainfall are increasing. Prominent examples are the torrential rain in Kanto and Tohoku in September 2015, the heavy rain in August 2016, the torrential rain in Northern Kyushu in July 2017 and the heavy rain in July 2018. All of these cases of torrential rain have caused serious damage. Under these circumstances, rainwater harvesting is attracting attention in terms of disaster prevention and reduction.

The rapid changes in both the social and natural environment surrounding "rainwater harvesting" following the first publication of this guideline supported the call for a revision in order to increase the practice and to disseminate awareness of rainwater harvesting architecture.

In this revision, we arranged the order of the essential contents of rainwater harvesting, that is: rainwater catchment, rainwater storage, rainwater treatment, and rainwater distribution; we also added more practical information with respect to product selection, construction and operation. In addition, it includes new concepts in rainwater harvesting, such as "rain stock" defined in the "Technical Standards for Rainwater Harvesting" and Green Infrastructure. It also contains additional information on temporary storage for rainwater outflow control, conservation of water and penetration and evaporation for reduction of the heat island effect. Supplements on new technologies and technological improvements related to rainwater harvesting were added as well.

序（第1版）

　地球温暖化に伴う多雨，少雨が現実のものとなりつつある今日，豪雨や渇水等の水問題に対して，「水循環系の再生」が重要な課題となっている．その対策の手がかりとして，「雨水をいかに制御し，活用するか」が要点となる．雨水をこれまでのように利用するだけにとどまらず，地球環境とのかかわりの中で制御し，さまざまに活用することが社会的に求められてきている．

　建築においては，これまで，「雨をできるだけ早く敷地外に出す」ことを基本としてきた．近年，都市洪水への対処として雨水浸透を導入するようになってきたが，ゲリラ豪雨等の新たな災害に対応するには，河川や下水道と建築との一体的な取組みが不可欠となる．その上で，今後，建築の基本的な姿勢として，「できる限り雨をためて，ゆっくりと流す」ことが必要となる．それは，これまでの建築のつくり方を根本的に転換することになる．本ガイドラインは，そうした新たな雨水活用の普及を図るために定められた．

　雨水活用の普及は豪雨対策だけでなく，渇水や災害に対しても大きな役割を果たす．地震や火災をはじめさまざまな災害に際して，水は命と生活を支えるより所となる．ライフラインの水道が分断されたときに役立つのはライフポイントしての雨水である．生活用水を支えるにはこれまでの雨水利用の小さな雨水タンクではなく，幅広い用途の雨水活用に応えることのできる大きな容量が必要となる．それは豪雨対策の雨水貯留槽が必要とする大きさに近い．建築のつくり方は雨水をどう貯留し，活用するかを前提条件として見直す必要がある．

　本ガイドラインをつくるに先立ち，日本建築学会（以下，本会と略記）から「雨の建築学」（2000年），「雨の建築術」（2005年）を出版している．そこで建築が雨水活用に果たすべき役割や雨水活用の技術を示した．雨水活用の概要は，すでに「雨の建築術」において，「集雨」「保雨」「整雨」という新たな概念として示しており，本ガイドラインはこれをさらに発展させ，「雨水活用建築」として整理したものである．

　また，本ガイドラインをより広く普及させるために，ガイドラインの作成と並行して，一般向けの図書として「雨の建築道」の出版も行った．雨水活用を実践する「雨水活用建築」は，建築の設計者や施工者だけが取り組むべき課題ではなく，そこに暮らす住民によって使いこなされなければならない．雨水活用は建築から始まり，まち全体の社会システムとして人々に運用されることにより，地域の防災や環境改善に役立つからである．

　雨水活用にあたっては，その目的や場所の条件に基づき，その状況に相応しい活用方法を用いる必要がある．地域の気象条件，季節，敷地や建築の規模等の条件によってその方法，すなわち「雨水活用システム」の組立て方が異なってくる．雨水活用システムは，屋根やとい，雨水タンクやフィルター等の装置で構成されるが，その用途に応じて適切な装置を選定する必要がある．

その際，装置の選定にあたっての具体的な商品や価格等の情報が不可欠となるため，本ガイドラインの作成と並行して「雨水活用製品便覧」の作成も行った．製品便覧づくりは本会と連携して進められ，（社）雨水貯留浸透技術協会から本書と同時期に CD-ROM 版にて出版された．

　本ガイドラインの構成は，以下の4つの項目を柱としている．

- ・雨水活用建築全般の考え方やシステムの組み立て方の規定：「設計」
- ・導入する製品の品質や性能の規定：「製品」
- ・製品を現場に設置する際の規定：「施工」
- ・設置後の維持管理に関する規定：「運用」

　また，ガイドラインの目指すべきレベルとして遵守，推奨，目標の3段階があるが，本ガイドラインは10年程度先の社会状況を見越した目標レベルを提示している．法的な背景を伴わない現時点では先導的な自主的ガイドラインとしての役割を持ち，推奨レベルの内容を主としてまとめた．これに基づき，今後，具体的な数値を盛り込んだ技術規準の作成を行っていく．

2011 年 7 月

日本建築学会

日本建築学会環境基準（AIJES）について

　本委員会では，これまでに，日本建築学会環境基準（AIJES）として13点を発刊するに至っている．また，各分野において，規準等を整備すべく，検討・作成作業が進められてきた．

　AIJESはアカデミック・スタンダードと称し，学会が学術的見地から見た推奨基準を示すことを目的に，「基準」，「規準」，「仕様書」，「指針」のような形で公表されてきた．これらの英文表記は，「Academic Standards for～」としていたが，この「Academic Standards」には教育水準といった意味もあり，AIJESの目的とは異なる意味に解される場合もあり誤解を生ずる恐れがあるとの指摘も寄せられた．

　そこで，2010年度以降に発刊されるAIJESについては，英文表記を「Standard for～」等に変更することを決定した．また，既刊のAIJESについては，改定版刊行時に英文表記を変更することとした．

2010年9月

日本建築学会　環境工学委員会

日本建築学会環境基準（AIJES）の発刊に際して

　本会では，各種の規準・標準仕様書の類がこれまで構造・材料施工分野においては数多く公表されてきた．環境工学分野での整備状況は十分ではないが，われわれが日常的に五感で体験する環境性能に関しては法的な最低基準ではない推奨基準が必要であるといえる．ユーザーが建物の環境性能レベルを把握したり，実務家がユーザーの要求する環境性能を実現したりする場合に利用されることを念頭において，新しい学術的成果や技術的展開を本会がアカデミック・スタンダードとして示すことは極めて重要である．おりしも，本会では，1998年12月に学術委員会が「学会の規準・仕様書のあり方について」をまとめ，それを受けて2001年5月に「学会規準・仕様書のあり方検討委員会報告書（答申）」が公表された．これによれば，「日本建築学会は，現在直面している諸問題の解決に積極的に取り組み，建築界の健全な発展にさらに大きく貢献することを目的として，規準・標準仕様書類の作成と刊行を今後も継続して行う」として，本会における規準・標準仕様書等は，次の四つの役割，すなわち，実務を先導する役割，法的規制を支える役割，学術団体としての役割，中立団体としての役割，を持つべきことをうたっている．

　そこで，本委員会では，1999年1月に開催された環境工学シンポジウム「これからの性能規定とアカデミック・スタンダード」を皮切りとして，委員会内に独自のアカデミック・スタンダードワーキンググループを設置するとともに，各小委員会において環境工学各分野の性能項目，性能基準，検証方法等の検討を行い，アカデミック・スタンダード作成についての作業を重ねてきた．

　このたび，委員各位の精力的かつ献身的な努力が実を結び，逐次発表を見るに至ったことは，本委員会としてたいへん喜ばしいことである．このアカデミック・スタンダードがひとつのステップとなって，今後ますます建築環境の改善，地球環境の保全が進むことへの期待は決して少なくないと確信している．

　本書の刊行にあたり，ご支援ご協力いただいた会員はじめ各方面の関係者の皆様に心から感謝するとともに，このアカデミック・スタンダードの普及に一層のご協力をいただくようお願い申し上げる．

2004年3月

日本建築学会　環境工学委員会

日本建築学会環境基準制定の趣旨と基本方針

(1) 本会は,「日本建築学会環境基準」を制定し社会に対して刊行する．本基準は，日本建築学会環境工学委員会が定める「建築と都市の環境基準」であり，日本建築学会環境基準（以下，AIJES という）と称し，対象となる環境分野ごとに記号と発刊順の番号を付す．

(2) AIJES 制定の目的は，本会の行動規範および倫理綱領に基づき，建築と都市の環境に関する学術的な判断基準を示すとともに，関連する法的基準の先導的な役割を担うことにある．それによって，研究者，発注者，設計者，監理者，施工者，行政担当者が，AIJES の内容に関して知識を共有することが期待できる．

(3) AIJES の適用範囲は，建築と都市のあらゆる環境であり，都市環境，建築近傍環境，建物環境，室内環境，部位環境，人体環境などすべてのレベルを対象とする．

(4) AIJES は，「基準」，「規準」，「仕様書」，「指針」のような形で規定されるものとする．以上の用語の定義は基本的に本会の規定に従うが，AIJES では，「基準」はその総体を指すときに用いるものとする．

(5) AIJES は，中立性，公平性を保ちながら，本会としての客観性と先見性，論理性と倫理性，地域性と国際性，柔軟性と整合性を備えた学術的判断基準を示すものとする．
　それによって，その内容は，会員間に広く合意を持って受け入れられるものとする．

(6) AIJES は，安全性，健康性，快適性，省エネルギー性，省資源・リサイクル性，環境適合性，福祉性などの性能項目を含むものとする．

(7) AIJES の内容は，建築行為の企画時，設計時，建設時，完成時，運用時の各段階で適用されるものであり，性能値，計算法，施工法，検査法，試験法，測定法，評価法などに関する規準を含むものとする．

(8) AIJES は，環境水準として，最低水準（許容値），推奨水準（推奨値），目標水準（目標値）などを考慮するものとする．

(9) AIJES は，その内容に学術技術の進展・社会状況の変化などが反映することを考慮して，必要に応じて改定するものとする．

(10) AIJES は，実際の都市，建築物に適用することを前提にしている以上，原則として，各種法令や公的な諸規定に適合するものとする．

(11) AIJES は，異なる環境分野間で整合の取れた体系を保つことを原則とする．

作成関係委員（2019 年 3 月現在）

（五十音順・敬称略）

環境工学委員会

委員長　岩田利枝

幹　事　持田　灯　　望月悦子　　リジャル H. バハドゥル

委　員　（略）

企画刊行運営委員会

主　査　羽山広文

幹　事　菊田弘輝　　中野淳太

委　員　（略）

建築学会環境基準作成小委員会

主　査　羽山広文

幹　事　菊田弘輝　　中野淳太

委　員　（略）

執筆担当委員 ・ 執筆協力者（第 2 版）

雨水活用建築ガイドライン改定小委員会

主　査　大西和也

幹　事　尾崎昂嗣　　笠井利浩　　福岡孝則

委　員　青木一義　　岡田誠之　　小川幸正　　屋井裕幸　　神谷　博　　摺木　剛
　　　　宋　城基　　向山雅之　　村川三郎　　森　　孝

執筆協力

川合弘高　　倉　宗司　　笹川みちる　　中臣昌広

執筆担当委員 ・ 執筆協力者（第1版）

雨水建築規格化小委員会

主　査　神谷　博
幹　事　屋井裕幸　　佐藤　清　　村川三郎　　村瀬　誠
委　員　青木一義　　大沢幸子　　小川幸正　　倉　宗司　　関　五郎
　　　　谷田　泰　　中臣昌広　　早川哲夫　　早坂悦子　　山田岳之
　　　　ユルゲン ・ ヴィッチストック

雨水建築規格化小委員会　普及検討ワーキンググループ

主　査　神谷　博
幹　事　大西和也　　小川幸正　　本庄正良
委　員　青木一義　　伊藤悦郎　　川合弘高　　木村博幸　　倉田丈司
　　　　志村吏士　　玉田敦夫　　森　　孝　　三好将範

執筆協力

井上洋司　　岡村晶義　　金　賢兒　　黒岩哲彦　　極壇春彦　　佐藤敦子
辛　勇雨　　芝　静代　　鈴木信宏　　笠　真希

雨水活用建築ガイドライン

目　　次

1章　雨水活用建築ガイドラインの目的と範囲
　1.1　目　的 …………………………………………………………………… 1
　1.2　適用範囲 ………………………………………………………………… 1
　1.3　用語の定義 ……………………………………………………………… 3

2章　雨水活用の基本
　2.1　総　則 …………………………………………………………………… 6
　2.2　雨水活用と蓄雨 ………………………………………………………… 7
　2.3　雨水活用とグリーンインフラ ………………………………………… 7

3章　設　計
　3.1　一般事項 ………………………………………………………………… 8
　3.2　用　途 …………………………………………………………………… 8
　3.3　集雨（屋根・とい（樋）・スクリーン等）………………………… 13
　3.4　保雨（雨水タンクおよび雨水貯留槽）……………………………… 15
　3.5　整雨（沈殿・ろ過等）………………………………………………… 18
　3.6　配雨（ポンプおよび配管・継手等）………………………………… 20
　3.7　一次貯留 ………………………………………………………………… 21
　3.8　浸　透 …………………………………………………………………… 23
　3.9　蒸発散 …………………………………………………………………… 23
　3.10　制　御 ………………………………………………………………… 24
　3.11　システム化 …………………………………………………………… 25
　3.12　表　示 ………………………………………………………………… 32
　3.13　重要事項の説明 ……………………………………………………… 32

4章　製　品
　4.1　一般事項 ………………………………………………………………… 33
　4.2　集雨装置 ………………………………………………………………… 33
　4.3　保雨装置（雨水タンクおよび雨水貯留槽）………………………… 38
　4.4　整雨装置・制菌装置（フィルター，消毒，殺菌等）……………… 39
　4.5　配雨装置（配管・継手，ポンプ，水栓等末端器具，制御装置等）… 43
　4.6　一時貯留・浸透・蒸発散施設 ………………………………………… 50
　4.7　試験，検査および添付図書 …………………………………………… 55

5章 施　工

- 5.1　一 般 事 項 56
- 5.2　集雨装置の施工 57
- 5.3　保雨施設（雨水タンクおよび雨水貯留槽）の施工 60
- 5.4　整雨装置（沈殿・ろ過）・制菌装置の施工 61
- 5.5　配雨設備（配管・継手，ポンプ，制御装置等）の施工 62
- 5.6　一時貯留・浸透・蒸発散施設の施工 64
- 5.7　耐震・防振・防音対策 66
- 5.8　凍結防止対策 67
- 5.9　試験・検査 68
- 5.10　使用前のクリーニング 68

6章 運　用

- 6.1　一 般 事 項 69
- 6.2　集雨装置の維持管理 71
- 6.3　保雨施設（雨水タンクおよび雨水貯留槽）の維持管理 72
- 6.4　整雨装置・制菌装置の維持管理 73
- 6.5　配雨設備（配管・継手，ポンプ，水栓等末端器具，制御装置等）の維持管理 74
- 6.6　一時貯留・浸透・蒸発散施設の維持管理 75
- 6.7　システムの評価 76

1章　雨水活用建築ガイドラインの目的と範囲

1.1　目　的

> 本ガイドラインは，建築における適切な雨水活用システムを示すことにより，雨水の利用や日常的に使う上水の節約に役立てるとともに，大雨時の流出抑制や災害時の非常用水確保，生態的な環境の維持等に寄与することを目指すものである．

　雨水は，これまでにも散水や洗い物，トイレの流し水等に用いられてきた．また，大型の建築物においても雑用水として用いられてきた．それは主に水道の補完システムとして，節水や水資源の有効利用という観点から行われてきた．しかし，今日では，地球環境の変化に伴うさまざまな水問題が生じており，雨水を都市レベルで河川や上下水道の取組みと一体となった建築システムとして制御，活用する必要が高まってきた．これに対応するためには，すべての建築が，その敷地を含めて水循環系の再生や防災に役立つ性能を持つことが求められる．

1.2　適用範囲
1.2.1　対　象

> 本ガイドラインは，建築および建築に伴う敷地における雨水の貯留・利用・浸透・蒸発散にかかわるシステムすべてを対象とする．

　本ガイドラインは，主に建築とその敷地における雨水活用システムを対象とする．規模の大小や，民間，公共のいかんにかかわらず，すべての建築とそれに伴う敷地における雨水活用を対象とする．
　道路や河川等の公共的なインフラシステムについては，別途，河川法，下水道法等による雨水の規定があり，このガイドラインの対象外とする．また，延べ面積3,000m^{2}以上の大規模な特定用途の建築については，「建築物における衛生的環境の確保に関する法律施行規則」（平成28年（2016年）3月29日厚生労働省令第47号）に「雑用水」としての規定があり，その規定する条件に相当する部分は，これを満たすものとする．
　雨水活用の用途については，最も簡易な散水レベルから，高い水質を必要とする飲用レベルまでのすべてを対象とする．制御については，浸透，貯留，蒸発散のすべての方法を対象とする．

1.2.2　関連法令等

> 雨水活用建築は，本ガイドラインで示す規定のほか，関連法令等の規定がある部分については，これに準じる．

　雨水活用建築は，建築基準法はもとより，建物の規模や雨水の利用用途等によって，さまざまな法令等との関わりを持つ（表1.2.2.1）．したがって，本ガイドラインで示す規定に加え，関連法令等の規定にも準じる必要がある．
　雨水の利用については，特定建築物に対しての「建築物における衛生的環境の確保に関する法律」や，公共施設に対しての「雨水利用・排水再利用設備計画基準・同解説」（（一社）公共建築協会発行）などの規定があり，雨水活用建築についても，引き続きこれを踏まえる．

2014年5月に「雨水の利用の推進に関する法律」が施行された．この法律は，国等の責務を明らかにし，雨水の利用の推進に関する基本方針やその他必要な事項等を定めることによって"雨水の利用を推進し，もって水資源の有効な利用を図り，あわせて下水道，河川等への雨水の集中的な流出の抑制に寄与する"ことを目的としている．

表 1.2.2.1 関連法令・技術基準等の一覧

	関連する法令		技術基準等	
利水・環境	水循環基本法 / 雨水の利用の推進に関する法律	◆建築基準法 ◆水道法 ◆建物における衛生的環境の確保に関する法律 ◆学校保健安全法	雨水活用建築ガイドライン / 雨水活用建築技術規準	◆雨水利用・排水再利用設備計画基準・同解説（公共建築協会） ◆雨水利用の実務の知識 設計・施工・維持管理マニュアル（空気調和・衛生工学会） ◆雨水利用ハンドブック（雨水貯留浸透技術協会）
治水・防災		◆河川法 ◆都市計画法 ◆下水道法 ◆水防法 ◆特定都市河川浸水被害対策法 ◆消防法		◆流域貯留施設等技術指針(案)（雨水貯留浸透技術協会） ◆防災調節池等技術基準(案)（日本河川協会） ◆下水道雨水調整池技術基準(案)（日本下水道協会） ◆雨水浸透施設技術指針(案)（雨水貯留浸透技術協会） ◆解説・特定都市河川浸水被害対策法施行に関するガイドライン（国土技術研究センター） ◆消防水利の基準（総務省消防庁）

表1.2.2.1の法令・技術基準等のほかに，準拠または参考とすべきものを以下に列記する．

◇建築基準法施行令第129条の2の5「給水，排水その他の配管設備の設置及び構造」
◇昭和50年建設省告示第1597号「建築物に設ける飲料水の配管設備及び排水のための配管設備の構造方法を定める件」
◇給排水衛生設備規準・同解説（SHASE-S 206-2009）：（公社）空気調和・衛生工学会 2009.6
◇空気調和・衛生設備工事標準仕様書（SHASE-S 010-2013）：（公社）空気調和・衛生工学会 2013.10
◇空気調和・衛生設備の施工の実務の知識：（公社）空気調和・衛生工学会 2005.4
◇水道メーターの設置に関するマニュアル：（一社）日本計量機器工業連合会 2015.4
◇建築設備耐震設計・施工指針2014年版：（一財）日本建築センター 2014.9
◇機械・サイホン排水システム設計ガイドライン：（一社）日本建築学会 2016.2
◇日本工業規格（JIS）：日本工業標準調査会
◇FRP製水槽藻類増殖防止のための製品基準（FRPS-WT-001-86）：（一社）強化プラスチック協会 1986.12.1
◇保水性舗装技術資料：路面温度上昇抑制舗装研究会 2011.7
◇DIN1989 雨水利用装置（Regenwassernutzungsanlagen）
　　　：法政大学エコ地域デザイン研究所（訳），エコプロジェクト1（都市生態学）2004年度報告書別冊 2006.2
◇東京都雨水貯留・浸透施設技術指針：東京都区部中小河川流域総合治水対策協議会 2009.2
◇公共施設における一時貯留施設等の設置に係る技術指針：東京都都市整備局 2016.3
◇戸建住宅における雨水貯留浸透施設設置マニュアル：（公社）雨水貯留浸透技術協会 2006.3
◇小規模雨水貯留浸透・排水配管システム技術マニュアル：（公財）日本下水道新技術機構 2007
◇下水道雨水浸透施設技術マニュアル：（公財）日本下水道新技術推進機構 2001.6
◇プラスチック製雨水地下貯留浸透施設技術マニュアル：（公財）下水道新技術推進機構 2010.1
◇プラスチック製地下貯留浸透施設技術指針（案）【平成30年度改定版】
　　　　　　　　　　　　：（公社）雨水貯留浸透技術協会 2018.4

1.2.3 規定レベル

> ガイドラインが示す規定レベルは，守るべき遵守事項から，望ましい推奨事項，目指すべき目標事項までの段階的なレベルを包含する．

　本ガイドラインにおいて，遵守事項は「…（と）する」「…である」「…必要がある」，推奨事項は「…が望ましい」，目標事項は「…を目指す」と表記している．推奨事項，目標事項については，自己責任の範囲で行うものである．

1.3 用語の定義

> 本ガイドラインで用いる用語を，以下のように定義する．

表 1.3.1 雨水活用建築に関する用語の定義

※「雨水」は，「うすい」と読むことが一般的な用語もあるが，本ガイドラインでは，すべて「あまみず」と読むことで統一している．

用語	定義
雨水（あまみず）	建築とその敷地に降る雨を直接原水として活用する水．
雨水活用	雨水を建築とその敷地において制御し，利用することにより環境改善に活かすこと．
雨水活用システム	雨水活用を行うための設備や機器，またはそれらを組み合わせたもの．
雨水浸透	雨水を地下に浸透させること．
雨水タンク	雨水を貯留する一体型の容器で，施工時に容器自体の組立て等を必要としないもの．
雨水貯留	雨水をタンクや貯留槽にためること．
雨水貯留浸透施設	雨水を一時貯留し，その後時間をかけて浸透させる施設．
雨水貯留槽	雨水を貯留するための水槽で，現場でのコンクリート打設や組立てによって構築されるもの．
雨水流出抑制	建築とその敷地において，雨水が敷地の外に流出する量を制御すること．
雨水利用率	雨水利用量を集雨量で除した値．集雨量に対し，どれだけ雨水が有効に利用できたかを評価する指標．
雨水利用量	雨水利用を対象としている用途に，実際に雨水が使用された量．上水代替率，雨水利用率の算出に用いる．
雨池	雨水の流出抑制のために，一時的に雨水をためておく場所．
汚水	トイレ排水を含む雨水以外の排水．
オフサイト貯留	雨を集めて離れた場所に貯留すること．
オリフィス	流出抑制する際に流出量を制御するための流出口．
オンサイト貯留	雨が降ったその場所で貯留すること．
下水	生活もしくは事業に起因，付随して下水道に流す汚水や雨水．
下水道	下水を流出するために設けられる排水管およびその他の排水施設．
降雨量	降水のうち雨だけの水量．
降水量	大気から地表に降った水（雨や雪等）の量．
再生水	排水を再利用する目的で処理された水のこと．

サイホン雨水排水システム	建築物等におけるサイホン作用を利用した雨水排水システムのこと．地表面に降った雨水の排水システムについては適用しない．
雑排水	台所，浴室，洗面器などの排水の総称．
雑用水	飲用水以外の用途に用いる給水の総称．
集雨	雨水を集めること．
集雨装置	屋根や地表面等の集雨面に降った雨水を集め，流すために用いる製品をいう．ドレン（落し口）やとい（樋），配管類，U字溝等がある．
集雨量	集雨面で集められた雨水が，とい（樋），取水装置を経て，雨水タンクや雨水貯留槽に流入した雨水の量．
取水装置	集雨面からとい（樋）等の集雨装置へ流れた雨水を，タンクや貯留槽に導く製品をいう．竪といから取水する取水器や，集水継手，取水ますがある．
蒸散	植物の作用により葉等から水分が気体となって大気に昇ること．
上水	水道法に基づく飲用に適する水，水道水のこと．
上水代替率	雨水の利用量を，雨水利用の対象としている用途に使用した全ての水量で除した値．上水をどれだけ節約できたかを評価する指標．
蒸発	水面や地表面等から水分が気体となって大気に昇ること．
蒸発散施設	雨水を一時的に地中に貯留し，降雨終了後，雨水が気体となって大気に還ることを促進させる施設をいい，保水性舗装等がある．
初期雨水	雨の降り始めで汚れの多い雨水．
浸透施設	雨水を地下に浸透させる施設をいう．浸透施設は，透水ます等の装置と，充填剤や透水シート等の附帯物から成る．
浸透槽	槽の側面や下部を砕石等で充填し，一時的にためた雨水を地中へ浸透させる施設．
浸透装置	雨水を地下に浸透させる機能を持った製品をいう．浸透ますや浸透トレンチ，浸透側溝，浸透槽，透水性舗装等がある．浸透ます，浸透トレンチ，浸透槽には，主として樹脂製のものと，コンクリート製のものがあり，浸透側溝は主にコンクリート製のものがある．地表面からの浸透装置としては，透水性舗装，インターロッキングブロック等がある．
浸透側溝	通水孔や通水間げきを有する側溝の側面および底面を砕石等で充填し，そこに流れる雨水を地中へ浸透させる施設．
浸透トレンチ	溝に砕石等を充填し，有孔管等を設置することにより雨水を導き，地中へ浸透させる施設．
浸透ます	通水孔や通水間げきを設けた排水ますの周囲と下部を砕石等で充填し，流入した雨水を地中に浸透させる施設．
水道	上水，工業用水，雑用水，消火用水など水道法に基づく給水施設．
スクリーン	集雨の際に大きなゴミ等を除去する装置．
整雨	雨水に混入したゴミなどを，沈殿やろ過によって除去し水質を整えること．
整雨装置	雨水中に混入したゴミや浮遊物質（SS）等の不純物を除去するために設置される製品をいう．ちりやほこり，砂泥を沈殿させる，または金属スクリーン等によるろ過を行う「取水フィルター」，タンクおよび貯留槽からの配雨の際に，SS，臭気等を除去する「配雨フィルター」がある．
制御装置等	雨水を活用する際，補給水の制御やポンプの運転制御等に使用される機器（水位計や電磁弁，ボールタップ等），また，それらを連携させてシステムの制御を行う制御盤等の製品をいう．

制　菌	衛生上有害な微生物やウィルスを除去または消毒，殺菌すること．
制菌装置	人に対し有害な病原菌等を不活性化するために設置される製品をいう． ろ過膜等を用い，雨水中の微生物を除去する「除菌装置」，塩素を用い，雨水中の病原菌等を殺し，所定の残留塩素を維持する「消毒装置」，紫外線，オゾン等を用い，雨水中の病原菌等を殺す「殺菌装置」がある．
耐　震	配管の耐震支持や機器の移動・転倒防止ストッパー等を用いて，地震による機器や配管の振動，移動，転倒，破損を防止すること．
地下水位	地下水の地表面からの深さ，標高で表すこともある．
凍結防止	機器や配管内の水が凍結することにより生じる破損事故を防止すること．
透水性舗装	透水性の舗装体やコンクリート平板等を通して，雨水を地中に浸透させる施設．
配　雨	貯留した雨水を末端器具まで配ること．
配雨設備	貯留した雨水を，利用先等の水栓や末端器具等に配水するための設備のこと． 配管・継手，ポンプ等の配雨装置と，固定具等それに付帯するものを含む．
配雨装置	雨水を利用先等の水栓や末端器具等に配水するために設置される製品をいう． 配管や継手，ポンプ，電磁弁や水位計等の制御装置がある．
排　水	雨水や汚水など下水道等に排出する水，ならびにこれらを排除することをいう．
フィルター	整雨の際に小さなゴミや汚れを除去するための細かいメッシュ等のろ過装置．
保　雨	雨水を貯留し，敷地内にとどまらせること．
保雨施設	雨水を貯留し，敷地内にとどまらせるための施設をいう．雨水タンクや雨水貯留槽の保雨装置と，これに付帯する装置，設備を含む．
保雨装置	雨水を利用することを目的に設置される雨水をためる製品等をいう． 比較的小型で安価な雨水タンク，埋設型や建物躯体一体型の雨水貯留槽がある．
防　音	発生騒音の減少，吸音・遮音等により，当該箇所への騒音の伝達を防止すること．
防　振	機器の加振力の減少，防振基板や防振継手等を用いての振動の絶縁，構造体の補強等を行うことにより，当該箇所での振動を防止すること．
ポンプ	雨水を活用する際，雨水をくみ上げ，末端機器まで配雨するために用いる製品をいう． 一般的には浅井戸用ポンプが使われるが，水中ポンプや手押しポンプ等，使用目的に応じて選定する．
流出係数	降水量に対して敷地外に流出する水量の割合．
連通管	複数の水槽を雨水貯留槽として使用する場合に，水槽を連結させて同一水位で運転するための水槽をつなぐ配管のこと．

2章 雨水活用の基本

2.1 総則

> 雨水活用建築における雨水は，上水や雑用水と異なる独立した水系として扱う．雨水活用の原水は建築およびその敷地に降る雨であり，これを直接集めて活用する．

上水は，水道法に定められた給水系であり，雑用水は飲用水を除く用途の給水系である．建築において，これまで雨水は雑用水として扱われてきたが，原水の性質が大きく異なることから，本ガイドラインでは独立した「雨水」水系として扱う．雨水は自然水であり，自然気象としての性質を有し，その取扱い方も人工的な給水系の原水とは異なる．雨水の水質は，場所や地域，季節等により異なるが，通常は河川水に比べればはるかに良い水質を有している．酸性雨等として問題となることが多い降り始めの雨には，大気汚染物質が取り込まれているが，本降りになった後は一般に，良好な水質となる．したがって，初期雨水の排除や整雨等，適切な雨水活用システムを用いることにより，その用途や目的に応じた活用を行うことができる．雨水は整雨等によって上水レベルの水質になりうるが，その場合でも上水や他の給水系から独立した配管とし，他の給水系との誤接続防止や逆流防止に配慮する．

2.1.1 気象条件

> 雨水活用システムを設計し，運用するにあたっては，その地域の気候と場所の微気象を踏まえて行うものとする．

日本は南北に長く，東西は山脈で仕切られており，地域による気候の差は大きい．また，降水量や降り方にも大きな差がある．雨水活用システムの構成は，降水量の多少等により変わるため，地域特性に応じた設計とする．

また，日当たりや温湿度等は，貯留施設や緑化施設の設置方法にもかかわるため，微気象も考慮する．さらに，花粉や黄砂，落ち葉等の季節的な条件や火山灰等に対しては，初期雨水の排除などの対応が必要であり，風向風速など地域の特性を踏まえる．

2.1.2 地理的条件

> 雨水を地下に浸透させる場合には，地形や地質等の地理的条件を踏まえた設計とする．
> また，集雨にあたっては，周辺にある道路や工場等の施設による影響についても配慮する．

地理的な条件は，雨水浸透を行う場合に特に重要である．その土地の地質や地下水位により，浸透量は異なり，また，がけの近くや低湿地等，浸透が不向きな場所もある．石灰岩地帯等，浸透しやすい場所では，地下水の水質を汚染しない配慮も必要である．

実施する場所が幹線道路や煙突のある工場の近くであれば，粉じんやガスの影響を考慮した対策を講じる必要がある．

2.2 雨水活用と蓄雨

> 雨をとどめる「蓄雨（ちくう）」は，雨水活用のための必須行為であり，雨水の貯留・利用・浸透・蒸発散をバランスよく組み合わせ，それぞれの敷地で基本蓄雨高を達成することが望ましい．

「蓄雨（ちくう）」とは，本会「AIJES-W0003-2016 雨水活用技術規準」で新たに定義された概念で，雨を敷地内に"とどめる"ことであり，すべての敷地において，基本蓄雨高 100mm を前提として必要な蓄雨高を確保するとしている．"雨をとどめる"とは，単に流出させないということではなく，雨水の貯留・利用・浸透・蒸発散をバランス良く行うことで，雨水を建築とその敷地において制御し，利用することで環境改善に活かすことである．以前は，流出抑制や地下水涵養のための雨水の貯留・浸透と，身近な水資源としての雨水の利用は相容れず，それぞれに行われるケースが多かったが，雨水の貯留・利用・浸透・蒸発散をバランス良く行う"雨水活用"を実践することでそれぞれの敷地において基本蓄雨高を達成できるように計画することが望ましい．

「蓄雨」は，防災・治水・環境・利水と4つの蓄雨で構成されるが，雨水活用における貯留・利用・浸透・蒸発散の4つの行為とは，およそ以下のように連携している．

　　防災：貯留・利用　　　治水：貯留・浸透
　　環境：浸透・蒸発散　　利水：貯留・利用

上記からもわかるように，雨水活用の性能を高めることは，そのまま蓄雨性能を高めることであり，基本蓄雨高達成のためには，より幅広い用途で雨水を利用しながら，浸透や蒸発散を積極的に行うことが必要となる．

2.3 雨水活用とグリーンインフラ

> 雨水活用は，自然が持つ多様な機能を賢く活かす「グリーンインフラ」であり，単に雨水の制御や節水，非常時の水資源としてだけでなく，生物多様性等にも配慮し，計画することが望ましい．

「グリーンインフラ」とは，"自然が持つさまざまな機能を活用した社会基盤整備や土地利用"のことで，治水，防災・減災，水源・地下水涵養，微気候の緩和，生物多様性など，多くの機能を持つ．2015 年に発表された国土形成計画，第4次社会資本整備重点計画においては，「国土の適切な管理」「安全・安心で持続可能な国土」などの課題への対応の一つとして，このグリーンインフラを推進していくことが盛り込まれた．

雨水の貯留・利用・浸透・蒸発散をバランス良く行うことで，雨水を制御し，環境改善に活かす"雨水活用建築"は，それぞれが"グリーンインフラ"であるということができる．これまで，雨水活用は，雨水の流出抑制や身近な水源としての利水の部分がクローズアップされることが多かったが，雨水を利用した緑地や雨水を一時的に貯留する雨池が生物の生息地となり生物多様性に効果があるなど，景観生態学の面からも見直されており，その点についても配慮して雨水活用を計画することが望ましい．雨水を一時的にためるための窪地や池を備え，雨水の浸透や蒸発，植物による蒸散によって雨水を大地や大気に還すことを積極的に行う"雨庭（あめにわ）"は，雨を活かしたグリーンインフラの一つの形態であり，公共の公園をはじめ，一般家庭にも導入が始まっている．

3章 設　計

3.1 一般事項

> 雨水活用システムの設計にあたっては，まずその用途によってシステムの構成が異なる．次に，その土地の条件を考慮する．加えて，これを運用する主体や方法に応じて適切なシステムを選ぶ必要がある．

　雨水活用システムは，集雨，保雨，整雨，配雨，一時貯留，浸透，蒸発散の役割を担う装置を組み合わせ，制御，表示等の方法も定めて構成する．用途は，雨水を庭木等への散水のみに用いる場合から，ビオトープ，トイレの流し水，洗い物，洗濯等へ用いるなど，それぞれの条件により，必要とする整雨レベルが得られるシステムを構成する．また，維持管理を行う方法や管理主体が一般の住まい手か，管理会社かによっても導入するシステムは異なる．

3.2 用　途

> 雨水活用の用途には，散水，洗浄，トイレの流し水，洗濯，風呂，冷却水，非常用水，飲用水等があり，その用途に応じて適切な水質が得られる整雨レベルの雨水活用システムを設計する．

　雨水の活用用途に応じて，必要となる水質がある．その水質は，雨水活用システムの組み方によって異なる．良好な水質を必要とする用途には，高い整雨レベルが得られる雨水活用システムが必要であり，高い水質を必要としない用途には，簡単な整雨の雨水活用システムでよい．本ガイドラインでは，雨水の水質を整雨の内容によって4段階に分類し（表3.2.1），さらに制菌方法の違いによって3段階に分類する（表3.2.2）．この2つを組み合わせ，雨水活用の用途ごとに必要となる水質を示す（表3.2.3，図3.2.1）．これを基準に，当該の用途に必要な雨水活用システムを設計する．

　雨水は，整雨の方法や制菌で幅広い用途で利用できるが，高度な整雨や制菌を行う雨水活用システムは導入・維持費用が高額となってしまう．そのため，雨水が上水や再生水に比べてコスト的に有利となるのは，整雨レベルが低く，制菌せずに使える用途である．一方，整雨レベルが高く，制菌A・Bを必要とする用途では上水が有利である．しかし，コスト的に不利であっても，災害対応として高い水質レベルにも対応できる雨水活用システムを組むことは可能であり，その必要性は高く社会的要請も多いため，その点も考慮し，雨水活用システムを設計することが望ましい．

　なお，建築物衛生法の適用を受ける延べ面積3000m^2以上の規模の興行場，百貨店等特定用途の建築物での用途は，その規定によるものととする．

表 3.2.1　整　雨

整雨レベル	方　法
Ⅰ	雨水を集めて，そのまま用いる
Ⅱ	粗いゴミや初期雨水を除去して用いる
Ⅲ	沈殿，ろ過等により，細かい砂，濁質等を十分に除去して用いる
Ⅳ	活性炭，高機能フィルター等により，一部の溶存物質やコロイド成分を十分に除去して用いる

表 3.2.2 制菌

制菌	方法
A (消毒・殺菌)	塩素消毒，オゾン殺菌，紫外線殺菌，逆浸透膜，煮沸等の処理をして用いる
B (除菌)	ろ過膜（精密ろ過膜，限外ろ過膜）等の処理をして用いる
C	適切な集雨，保雨，整雨，配雨を行い用いる

表 3.2.3 雨水活用の用途と整雨・制菌

整雨＼制菌	制菌方法		
	A	B	C
レベルⅠ			庭木等への水やり，打ち水，散水，泥落とし，浸透，雨池，ビオトープ池
レベルⅡ			器具等の下洗い，洗浄，清掃
レベルⅢ		冷却水，スプリンクラー	トイレの流し水，非常用水，洗濯
レベルⅣ	洗面，シャワー，調理，飲用	風呂	

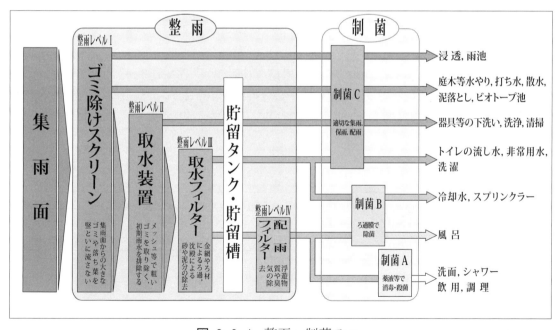

図 3.2.1 整雨・制菌フロー

3.2.1 散　水

> 散水は，雨水の最も身近な使い方であり，積極的に用いるとよい．ただし，スプリンクラーのように飛まつを飛散させる場合には，高い整雨レベルの雨水を使用する．

散水には，ひしゃくでまく，じょうろでまく，ホースでまく，スプリンクラーでまく等の方法がある．スプリンクラー等のように水が細かい飛まつになる散水方法の場合には，レジオネラ症防止対策を考慮する必要があり，"整雨レベルⅢ－制菌B"以上とすることが望ましい．制菌方法Cで使用する場合には，間違いなく人が飛まつを吸い込まない管理のもとに行う．

3.2.2 洗　浄

> 雨水は，簡単な汚れを落とす洗浄水として積極的に活用できる．ただし，洗剤を用いた洗浄や洗車等，化学物質が排水される場合は，汚水系に流す必要がある．

雨水は，農具や靴の泥落とし，掃除，瓶やペットボトルの洗浄等身近な汚れ落としに向いている．また，特に排水を下水（汚水系）につなぐ必要のない使い方をする場合に有効である．器具等の下洗い，洗浄，清掃に用いる場合は"整雨レベルⅡ－制菌C"とする．泥落とし程度の場合は"整雨レベルⅠ－制菌C"でよい．高圧洗浄等，飛まつが飛散する場合は，"整雨レベルⅡ－制菌B"以上とする．雨水は溶解力が高いため，洗車に用いることも有効であるが，洗車後の排水には油分等の汚れが含まれているので，排水先を汚水系とする必要がある．

3.2.3 トイレの流し水

> 雨水をトイレの流し水に用いる場合，バルブ等の詰まりを起こさない程度の整雨レベルとする．

トイレの流し水は，配管材質，系統等に影響を与えない程度の水質が必要であり，便器の機器構成に対応して適切な整雨レベルのシステムとする．一般的には，"整雨レベルⅢ－制菌C"以上とすることが望ましい．雨水貯留槽へ流入する前に，沈殿ますや沈殿槽を設置したり，フィルターによるろ過を行う，あるいは雨水貯留槽内に複数の仕切り板を設けて沈殿に十分な時間をとり，トイレの流し水に十分な水質が得られるようにする．なお，温水洗浄便座や手洗いには，原則，雨水を利用しない．もし使用する場合は，"整雨レベルⅣ－制菌A"（飲用レベル）の雨水とする．

3.2.4 冷却水等

> 雨水を冷却や温熱等の熱媒体として用いる際には，配管系を密閉型とすることが望ましい．開放型の場合には，周辺に飛まつを飛散させない方法とする．

雨水の熱利用には多くの可能性があり，冷却だけではなく温熱媒体として用いることもできる．屋根や壁，天井等に配管した雨水管で冷却や温熱効果を得る．気化熱を利用する方法や，年間を通し安定した地下雨水貯留槽の熱を利用する方法等がある．通常は高い整雨レベルを必要としないが，飛まつが飛散する場合には，"整雨レベルⅣ－制菌B"以上とする．

3.2.5 非常用水

> 新築や改築にあたっては，日常の雨水活用に加え，災害等による断水時にもさまざまな用途で利用できるように，整雨レベルと貯留量を設定し，非常用水を確保するよう設計する．

　雨水は，河川や湖沼の水に比べ水質が良好なため，断水時には生活用水として幅広く利用することができる．一般的には，多量の水を必要とする洗浄やトイレの流し水に用いられることが多く，基本的には制菌しなくてもよい．しかし，飲用や炊事，洗濯にも用いられる場合もあるため，"整雨レベルⅢ"の雨水を確保することを基本とし，多面的な使い方ができるようにする．

　非常用水として利用するには，常に一定量以上の雨水を確保しておくことが必要であり，日常の利用用途に必要な水量に，非常用水として確保すべき水量を加算して貯留容量を計画する．非常用水として確保すべき水量は，「AIJES-W0003-2016 雨水活用技術規準」で防災蓄雨量として示している，"50L/(人・日)×3日分"を基本として設計することが望ましい．防災蓄雨量の詳細については，「AIJES-W0003-2016 雨水活用技術規準」を参照されたい．

　地下貯留槽の場合，電動ポンプで配雨を行うことが多いが，非常時に電源の使用ができなくなることも想定し，太陽光発電や蓄電器，発電機等の代替電源または手動ポンプ等を備えておくことが望ましい．

3.2.6 洗　濯

> 雨水は軟水であるため，洗剤の量を減らすことができる．この水質の特性を損なわないように整雨，制菌し洗濯に利用する．

　雨水を洗濯に用いる際の水質は，"整雨レベルⅢ－制菌C"以上とする．雨水の水質は，蒸留水に近い軟水であるため，溶解力が強く洗剤が溶けやすい．また，洗剤がミネラル分と結合して起こる洗浄力の損失が少なく，洗剤の使用量を減らすことができる．せっけんを用いた場合にも，せっけんカスを減らすことができる．ただし，コンクリート製の雨水貯留槽の場合には硬度が高くなることがあり，その効果を得られない場合もある．また，屋根や配管が金属の場合には洗濯物に色が付くことがある．

　洗濯物を手で洗う場合には，雨水が手に触れたり身体にかかるということから衛生上の問題があるとする考え方もあるが，日本では，全自動洗濯機の普及により水が直接手に触れる可能性は低いので，洗濯に積極的に用いることで雨水の利用用途を広げることができる．

　雨水の利用先進国といわれるドイツのDIN（ドイツ工業規格）雨水規格においては，雨水での洗濯を否定していない．また，fbr（ドイツ雨水中水利用専門家協会）では，雨水の洗濯利用を積極的に推進しており，柔軟仕上剤も必要がなくなるといわれているので，化学物質の排出減にもなると評価している．

3.2.7 風呂

> 雨水を風呂やシャワーに用いる際には，直接肌に触れる使い方であるため，整雨・制菌レベルを上げて使用する．

　風呂の水やシャワーは，直接肌に触れ，粘膜とも接触するため，衛生上の配慮が求められる．浴用に雨水を用いることは，洗濯と共に雨水の用途を広げることに役立つが，まだ一般的ではない．今後の技術開発と製品対応が望まれるところである．

　雨水を加温して利用する際に，特に注意が必要なのは，レジオネラ症対策である．これまでに上水でも発生例が報告されているが，レジオネラ属菌は温水環境での増殖力が強く，菌の繁殖や飛散防止に注意を要する．シャワーやジャグジー風呂等エアロゾル*が発生しやすいもの，24時間風呂や風呂の沸かし直しなど水を繰り返し使用するものに雨水を利用する場合は，レジオネラ症の対策として上水に準じて塩素消毒をする必要があり，「レジオネラ症を予防するために必要な措置に関する技術上の指針」（平成15年（2003年）7月25日厚生労働省告示264号）および「第4版レジオネラ症防止指針」（2017年7月（公財）日本建築衛生管理教育センター発行）に基づいた運用を行う．

＊エアロゾルとは，空気中にある水の微粒子をいう．レジオネラ症感染を引き起こすエアロゾル粒子の直径は，1～5μmであるとされている．

3.2.8 飲用水

> 雨水を飲用や台所用水などに用いるには，浄水処理，煮沸，殺菌等，衛生的に問題のない方法をとる．

　雨水は，古今東西，飲用に使われてきた．都市化して雨の水質が悪化した現在でも，適切な方法を用いることにより飲用は可能である．飲用には上水を用いることが優先されるが，雨水を用いる際には，"整雨レベルIV－制菌A"のシステムを用い，煮沸，塩素消毒等，十分な衛生上の対策や水質の検査を行う必要がある．屋上緑化や屋上菜園の土を経由した雨水は用いないほうがよい．"整雨レベルIV"を得るには，十分に沈殿，ろ過したうえで活性炭フィルターを用いたり，精密ろ過や限外ろ過の性能を持つフィルターを用いる．さらに飲用等を目的として"制菌A"を得るための最も簡便な方法として，煮沸する方法が挙げられる．塩素消毒やオゾン殺菌は，やや大きい雨水貯留槽の場合に有効である．紫外線殺菌は，水量が少ない場合に有利である．逆浸透膜処理には，非常用のハンドポンプ式や自転車足踏み式などの簡易なものがある．これらを状況に応じて組み合わせて用いることで，非常時にも雨水の有効利用ができる．

3.3 集雨（屋根・とい（樋）・スクリーン等）

> 雨水は，屋根や地表面を利用して集め，とい（樋）や水路等を使って貯留場所に導き，取水装置で取水して貯留する．落ち葉や大きなゴミ等の混入物をゴミ除けスクリーンなどでできる限り防ぐ．

　建築で雨水の利用を行う場合，水質を整えやすい屋根雨水を用いることが一般的である．落ち葉や大きなゴミは，スクリーン等でとい（樋）に入る前に除去し，といが詰まらないようにする．降り始めの雨（初期雨水）には，ちりやほこりといった汚染物が多く含まれる．そのため，初期雨水の排除は重要であり，雨水の利用用途に適した水質レベルが得られる取水装置を用いることが必要となる．ただし，用途や貯留方法によっては，その必要がない場合もある．

　流出抑制等の目的で地表面の雨水を集める場合は，雨水貯留槽への土砂の流入をできるだけ少なくす方法を用いる．

3.3.1 集雨面の材質

> 集雨面の素材は，一般的な用途に用いる際には特に制約はないが，ビオトープ等に用いる場合には，重金属イオンや塗料成分の溶出等により生物に悪影響を与えないように配慮する．

　鉛，銅，亜鉛等の重金属イオンは，植物の生育や魚等の生物の生息環境を損なう場合がある．したがって，問題のない屋根素材を用いるか，池に至るまでに重金属イオンを吸着して無害化する装置等を経由させる必要がある．また，飲用，浴用，洗濯などに用いる場合には，重金属イオンの溶出しない素材を用いることが望ましい．

3.3.2 集雨面の汚れ

> 屋根に落ちた鳥のふん，ばいじん，花粉，黄砂等の汚れやベランダの掃除排水は，雨水タンクや雨水貯留槽に流入しないように，別ルートで排水する．また，屋根やとい（樋）は汚れがたまりにくい構造とする．

　降り始めの雨（初期雨水）は，雨自体が空気中の大気汚染物質を含んでおり，屋根面に積もったちりなども取り込んでいる．したがって，汚れの多い初期雨水を排除してから雨水タンクや雨水貯留槽に導くことが望ましい．初期雨水を排除する装置には，ゴミ取り除けスクリーンや微細な混入物を除去するフィルターを備えたものもあり，用途によって適切な装置を用いる．

3.3.3 取水装置

> 雨水を雨水タンクや雨水貯留槽に導く際には，活用用途に応じた整雨レベルに適合する取水装置を用い，とい（樋）などに適切に取り付ける．

とい（樋）から雨水を取水する装置を取り付ける際には，とい（樋）の構造に支障がないことを確認し，必要に応じて補強を行う．取水装置にはさまざまなレベルのものがあり，取水するだけのものから，これに簡易フィルターを付けたもの，初期雨水が排除できる仕組みのもの等，さまざまな装置があり，用途に応じて適切に選ぶ．

3.3.4 スクリーン

> 軒といに落ち葉が多くたまるような場合には，軒といにゴミ除けスクリーンを設けることが望ましい．地表面で雨水を集めて池等に導水する際にも，大きなゴミはスクリーンで取り除く．

雨水を取水する際には，できる限りゴミの混入を防ぐ必要があり，落ち葉のような大きなものは，スクリーンで事前に除去することが望ましい．ネット状のものやとい（樋）自体が透水性のある素材でできているもの等があり，立地の状況によって適切に選ぶ．地表面で集雨する場合には大きなゴミが多く，池や雨水貯留槽に至る前にスクリーンで除去する．

3.3.5 地表面からの集雨

> 地表面の雨水を用いる場合には，砂利や植物等による汚濁を防ぐため，貯留場所に流入する前に水質を整えてから貯水できる構造とすることが望ましい．

池やビオトープ等の目的で大きな開放型の貯水槽を設ける場合には，導水するにあたり，土の混入を少なくする工夫が必要となる．砂利，砂を用いたろ過装置を経由させたり，水生植物による浄化水路を適切に設ける．水路は浸透性を持たせながら導水する方法や流出抑制能力を持たせることにより，雨水の流出抑制装置としても機能させることが望ましい．

3.4 保雨（雨水タンクおよび雨水貯留槽）

> 雨水タンクや雨水貯留槽の容量は，用途と設置条件により決定する．設置場所にかかわらず，光が侵入しにくい素材・構造とする．また，水質維持のため，温度変化が少ない場所に設置することが望ましい．

　雨水を利用する目的で保雨するために使用するもので，容器自体の組立てを必要としない一体型の容器を「雨水タンク」，現場でのコンクリート打設や組立てを伴う水槽を「雨水貯留槽」と呼ぶ．

　雨水タンクや雨水貯留槽（雨水を利用する目的で使用するものに限定）の大きさは，その用途に応じて使用量を想定して決める．大きさは，設置場所の広さによって制約される場合がある．雨水の水質を良好に保つには，光を入れない，温度を上げないことが肝要であり，屋外設置に比べ地下設置や屋内設置のほうが条件がよい．光が入ると藻類等が発生して水質を損なう．光が入らない場合には，微生物の働きにより，水質は良好に保たれる．雨水貯留槽の構造は，仕切り板等を設けて，雨水貯留槽内の水をかくはん（攪拌）しないようにする．雨水タンク内への流入や揚水にあたっても，水をかくはん（攪拌）させない装置を用いるとよい．

　雨水タンクや雨水貯留槽には通気口を設けるなど，通気不足によって雨水の流入が妨げられないようにする．また，通気口には，害虫等の侵入を防ぐために防虫網を取り付け，通気口から直接雨水が入らないような配慮が必要である．

　埋設型雨水貯留槽のうち，樹脂製のものは，構造が複雑で維持管理が容易でないものもある．したがって，雨水貯留槽へ雨水が流入する前に，沈殿ますや沈殿槽を設置したり，フィルターによるろ過を行うと，槽内の維持管理の頻度を低減することができる．

3.4.1 雨水タンク

> 雨水タンクは，ほこりの侵入が少ない構造とする．屋外に設置する場合は，太陽光を透過しにくい材質のものを選ぶ．また，日射による温度上昇を避けられる場所に設置することが望ましい．

雨水タンクは，図 3.4.1.1 のように分類することができる．

据置型の雨水タンクは，庭の散水用等，簡易で小規模なものが多く，比較的安価で維持管理が容易なのが利点である．本格的な用途に用いる場合には，雨水タンク容量が大きくなり，断熱等の対策も必要となる．雨水タンクの一部を地下に埋設（半埋設）することで，比較的簡単に固定することができる．ただし，雨水の取出し口（蛇口等）をタンクの埋設部分より上に取り付けることになるため，タンク内の雨水を残らず利用するには，手押ポンプ等を使用する必要がある．

地下に埋設することで上部空間の利用が可能となるが，雨水タンクは耐荷重の小さな製品が多いため，上部の利用状況によっては，コンクリートの支柱を設置する等，別途対策を講じる必要がある．また，地下水位上昇による浮力への対策を講じる必要がある．

屋内や地下室等に雨水タンクを設置する場合は，据置型の雨水タンクを用いることができる．床下に設置するゴム袋タイプもある．床下や地下室は屋外より環境条件が良いが，設置場所が狭い場合があり，維持管理できるように壁との隙間を確保する．床下の場合には，点検口により維持管理できるようにする．

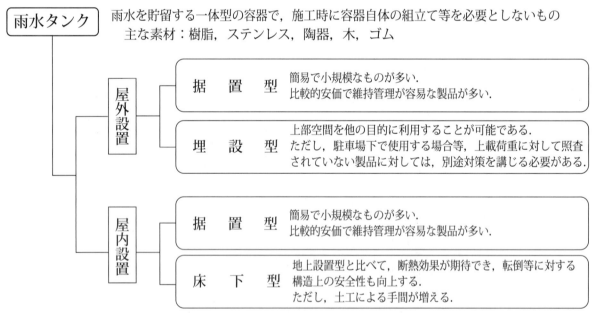

図 3.4.1.1 雨水タンクの分類

3.4.2 雨水貯留槽

> 建物躯体の一部を利用することで，比較的簡単に容量の大きな雨水貯留槽をつくることができる．また，埋設型の場合，貯留槽の上部空間を利用することも可能である．

雨水貯留槽は，図3.4.2.1のように分類することができる．

大型の雨水貯留槽は，埋設型または躯体利用型が多い．地下にあることにより，温熱環境が安定するとともに光の浸入も防ぐことができ，水質を良好に保つことが可能である．

埋設型の場合，上部空間を駐車場等に有効利用することが可能である．新築時であれば，躯体の一部を利用して雨水貯留槽とすることで，大きな容量の雨水貯留槽を比較的簡単につくることができる．その際，雨水貯留槽上部にある部屋に対しては，結露防止のため槽内の断熱を行う．

建物から独立して庭等に埋設する雨水貯留槽は，貯留構造体等を用いた埋設型雨水貯留槽を用いると，大きな容量の雨水貯留槽を比較的安価につくることができる．ただし，雨水貯留槽のみで設計外力（上部を駐車場に利用した際の車の移動による動荷重等）に耐えられない場合には，雨水タンクと同様，ピット構造にする等，別途耐荷重対策を講じる必要がある．また，地下水位上昇による浮力への対策を講じる必要がある．

雨水を飲用に用いる場合は，外部からの汚染の可能性の高い埋設型は避け，雨水貯留槽の天井・底・壁が建築物の構造体等から独立し，点検・補修が容易に行える構造とする．

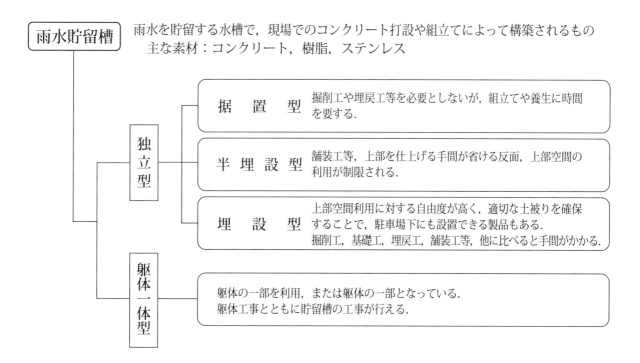

図 3.4.2.1 雨水貯留槽の分類

3.5 整雨（沈殿・ろ過等）

> 雨水の水質は，一般的に河川や湖沼の水に比べて蒸留水に近く，極めて良好である．その長所を有効に活かすため，適切に整雨を行う必要がある．整雨の基本は沈殿であり，用途により必要に応じてさらにろ過を行う．

　雨水は，大気中または集雨面等にたい積した粉じんなどが混入したり，酸性雨であることもあるが，川水や湖沼に比べてはるかに良好な水質である．大気中または集雨面等にたい積した粉じんなどの混入は，初期の降雨に多く見られる．また，酸性雨も初期の降雨に強くその傾向が現れる．この初期の降雨（初期雨水）を排除することで，より良好な雨水を得ることができ，用途の幅を広げることにつながる．ただし，用途によっては，初期雨水の排除が必要でないものもある（図 3.2.1）．初期雨水の排除を行ったうえで，沈殿やろ過を行うことにより，さまざまな用途に応じた整雨レベルの雨水を得ることができる．

　銅や銀等の金属イオンを担持させた樹脂繊維を，フィルターに用いたり，雨水タンクや雨水貯留槽内に浸漬させることによって抗菌効果を得る方法もある．ただし，ビオトープや植物への水やり等，雨水中の金属イオンの影響を受けやすい用途では注意が必要となる．

3.5.1 沈　殿

> 雨水タンクや雨水貯留槽での沈殿は，整雨の基本であり，仕切り板等の沈殿を促進する装置を備えることが望ましい．また，沈殿効果を高めるため沈殿時間を長く確保し，雨水の流入や揚水の際にかくはん（攪拌）させないような装置を用いることが望ましい．

　浄水場で上水をつくる際にも，沈殿・ろ過は基本的な水質浄化技術となっているように，雨水を利用する際の整雨においても，沈殿・ろ過は，基本的な水質浄化技術である．そのため，雨水タンクや雨水貯留槽内に仕切り板等を設置したり，沈殿時間を長くとることで沈殿効果を高めることが重要となる．雨水タンクや雨水貯留槽は，一槽型よりも多槽型とするほうが沈殿能力は高まる．

　また，樹脂製貯留材で組み立てられた雨水貯留槽は，個々の貯留材が仕切り板の役割を果たし，沈殿効果が高まり，水質浄化機能が高いといえる．一槽型の雨水タンクや雨水貯留槽の場合には，雨水の流入時とポンプによる揚水時に，沈殿物を巻き上げないために，雨水タンク内の雨水をかくはん（攪拌）しないようにする．

　雨水タンクや雨水貯留槽内における沈殿だけではなく，別途沈殿槽を設け，整雨レベルをより高める方法もある．

3.5.2 ろ過

> 雨水タンクや雨水貯留槽への流入前や，雨水貯留槽内等での沈殿によって処理しきれない浮遊物質は，ろ過によって除去する．用途により，整雨レベルを高める必要がある場合には，吸着やイオン交換，膜ろ過等を用いる．

ろ過の方法には，砂ろ過や中空糸膜等の膜ろ過によるものがある．ろ過は雨水活用に際して大事な技術であり，適切な方法を用いることにより，より良質な雨水を得ることができる．初期雨水は汚濁度が高く，高い整雨レベルが要求される場合は必ず排除する．

膜ろ過には，精密ろ過膜（MF膜），限外ろ過膜（UF膜），逆浸透膜（RO膜）等があり，それぞれの適用範囲を，図3.5.2.1に示す．ろ過機能を維持するためには，清掃や定期的な交換等の維持管理が重要な要素となる．

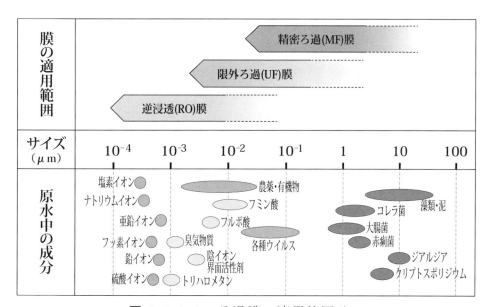

図 3.5.2.1　ろ過膜の適用範囲[1]

〈出典〉1）国土交通省：下水道への膜処理技術導入のためのガイドライン［第2版］（一部加筆）

3.5.3 制菌

> 雨水を飲用等，衛生上高い安全性を必要とする用途に利用する際には，適切な除菌または消毒，殺菌を行う．
> 殺菌や無菌レベルに制菌するには，塩素消毒，紫外線殺菌，オゾン殺菌，煮沸等の処理を行う．

雨水を飲用等，安全性に十分な配慮をすべき用途に用いる際には，衛生上の必要性から水道水に準じた扱いとし，残留塩素濃度を水道法施行規則の衛生上必要な措置に合わせて確保する．特に，制菌後すぐに飲用等に用いない場合は，塩素消毒が有効である．水道法では，水道事業者に対して必要な残留塩素濃度が決められている．一方，雨水管理者が個人で，自家用に用いる場合には，自己責任において雨水を用いることになるので，その点に十分注意を要する．紫外線殺菌，オゾン殺菌，煮沸等，用途によっては塩素によらない殺菌方法もある．また，逆浸透膜を用いれば無菌レベルの制菌もできる．これらを状況に応じて適切に用いることにより，安全性を確保する必要がある．

3.6 配雨（ポンプおよび配管・継手等）

> 雨水を利用するためには，雨水タンクまたは雨水貯留槽から，配管等で雨水を配水する．利用用途によってはポンプを利用し，適切な水圧，水量を得る．

トイレや洗濯等，雨水の利用先へは雨水タンクまたは雨水貯留槽から配管し，ポンプ等で送水する（配雨）必要がある．配雨に使用するポンプ，配管および継手等に関しては，通常の水道用として使用されている機器や部材を用いる．

3.6.1 配管および継手

> 雨水に用いる配管の材質は，硬質ポリ塩化ビニル（PVC），架橋ポリエチレン（PEX）等，一般的な水道用管材を用いる．

雨水は，水道水とは水質が異なり，加えて水質が一定ではないため，腐食のおそれがある金属配管は適さない．そのため，一般的にはPVC管やPEX管を用いる．ビオトープ池等に雨水を利用する場合，生態系に対する影響にも配慮して素材を選ぶことが必要となる．

3.6.2 ポンプ

> 配雨等に使用するポンプは，できる限り電気エネルギーを用いないことが望ましい．手動ポンプや自然流下などでは利用用途や使用器具に必要な水圧・水量が得られない場合は，適切な電動ポンプを使用する．

基本的に，雨水タンクや雨水貯留槽を高い位置に設置し，位置エネルギーを利用した自然流下や手動ポンプなど，電気エネルギーを用いないで配雨することが望ましい．ただし，その配雨方法では，利用用途や使用する末端器具が必要とする水圧・水量が得られない場合，適切な電動ポンプを選定し使用する．ポンプ機種の選定については，「表 4.5.2.1 雨水の活用用途とポンプ選択のポイント」を参照されたい．

ポンプに使用する電源は，環境面，また，非常時の停電等にも配慮し，再生可能エネルギーを用いることが望ましい．

家庭用のシステムの場合，井戸用陸上ポンプを用いることが多い．しかし，騒音や振動等の対策面からは，水中ポンプの方が優れている場合がある．太陽光発電等の再生可能エネルギーと組み合わせた場合には，直流ポンプを用いることがある．ビオトープ等の用途には，小型の直流ポンプもある．

海外では雨水専用のポンプが製造されている例もあり，日本においても，雨水活用を想定したポンプの開発が望まれる．

3.6.3 防音・防振

> ポンプを選定する際には，防音，防振にも配慮する．

雨水を利用する場合に起きる問題の一つがポンプの騒音と振動である．夜間や静かな場所等，設計時から細かく配慮する必要がある．躯体への取付けや床置き等，いずれの場合でも必ず防振対策を施す．

3.6.4 水栓等末端器具

> 水栓や末端器具には，雨水を利用していることがわかるように表示する．
> 水栓は，上水用水栓とは異なるタイプの器具を用いることが望ましい．

　雨水を利用するための水栓や末端器具は，「3.12 表示」に従い，上水用のものと区別する．表示等だけでは誤使用が起きる可能性があるため，器具そのものを上水用とは異なるタイプとすることが望ましい．また，水栓柱も色分けをし，上水との区別を明確にする．

　また，上水用の一般市販給水栓や末端器具を使用する場合は，ストレーナ清掃等の頻度を高め，内部部品交換頻度や本体取替頻度も高める必要がある．

3.6.5 便　器

> 便器に雨水を利用する際は，流し水にのみ使用する．温水洗浄便座や手洗い付の便器を使用する場合は，必ずそれらへの給水と流し水の給水が，別の配管で行える機種を使用する．

　現状，雨水用の便器は市場にはないため，上水仕様や再生水仕様の便器を使用するが，機器への影響を考慮した適正な整雨レベルの維持と，上水使用の場合に比べ，点検，清掃や部品交換の頻度を上げて行うことが必要となる．

　また，雨水は便器の流し水だけに使用し，温水洗浄便座や手洗い付の便器を使用する場合は，必ずそれらへの給水と流し水への給水が別系統の配管が行える便器を使用し，温水洗浄便座や手洗いには，原則，雨水を使用しない．もし雨水を使用する場合は，"整雨レベルⅣ－制菌A"（飲用レベル）とする．

3.7 一時貯留

> 雨水は，利用の用途に用いるための保雨のほかに，豪雨時の流出抑制のために一時貯留を行うように計画する．

　豪雨対策のために流域全体の面としてオンサイトの流出抑制を行うことは，建築の果たすべき役割である．利用に供する雨水の貯留だけでなく，流出抑制分の貯留も行うことが望まれる．その際には，雨水タンクや雨水貯留槽にためるだけではなく，敷地の中で一時貯留を行うことも併せて計画する．そうすることにより，豪雨時の流出抑制だけでなく，合流式下水道の区域では下水道からの越流の頻度を減らし，河川の水質浄化にも役立つ．

　また，貯留した雨水は，土質や土地の条件により異なるが，可能な限り浸透や蒸発散させることにより，健全な水循環系の構築に努めることが望ましい．庭に雨水を一時的に溜めるための窪地や池を設け流出抑制を行うとともに，雨水の浸透や蒸発，植物による蒸散によって雨水を大地や大気に還すことを積極的に行う"雨庭（あめにわ）"を目指す．

3.7.1 建築による一時貯留

> 建築に付随して設ける雨水活用システムは，利水，流出抑制（治水），非常用備蓄（防災）のすべてを考慮し，全貯留容量を計画する．

「平成29年7月九州北部豪雨」，「平成30年7月豪雨」など局所的集中豪雨によって甚大な被害が発生している．その対策の一つとして，敷地内に雨水をとどめること（蓄雨）が重要となってくる．建築に付随して設ける雨水活用システムで流出抑制を目的とした一時貯留を行う場合，降雨に対して一定量を貯留できる容量を常に空けておく必要がある．

これまで，雨水活用システムの貯留容量は，利水3分の1，流出抑制（治水）3分の1，非常用備蓄（防災）3分の1として計画することを掲げてきた．ここで言う"3分の1"は，量そのものではなく，利水・流出抑制・非常用備蓄の3つをバランス良く行うことを比喩的に示したものである．地域によって流出抑制すべき量は異なり，また，施設によって利水量や非常用備蓄量も異なる．そのため施設ごとに全貯留量に対して，利水・流出抑制・非常用備蓄の貯留割合は異なるが，必ず利水・流出抑制・非常用備蓄の役割すべてを果たせる貯留容量となるよう計画する．常にできる限り多くの貯留容量を空けておきたい流出抑制と，できる限り多くの雨をためたままにしておきたい利水・非常用備蓄という，相反するものをどのように考え，システム化するかが大きな鍵となる．

小さな雨水タンクの場合には，流出抑制のための余裕がなく全量を利水に供することが多いが，豪雨予報時には，ためてある雨水を事前放流し，雨水タンクを空にして雨を待つとよい．大きな雨水貯留槽の場合は，始めから流出抑制のための一時貯留分を確保できるよう計画しておくことが望ましい．一時貯留した雨水はオリフィスによって徐々に排水する，地下へ浸透させる，時間差をおいてポンプで排水する．ポンプ排水の際，太陽光発電による直流電流でそのまま動く直流ポンプを用いることにより，降雨後の晴天時に自動的に排水する方法を用いることも有効である．雨の多い季節には，非常用備蓄分についても，豪雨の予報があるときに事前放流して雨を待つことにより，一時貯留の能力を高めることができる．そのための放流バルブや放流ポンプを用意しておくとよい．渇水期には逆に利水分について，一時貯留分まで貯留して利用日数を増やすとよい．

3.7.2 敷地による一時貯留

> 敷地内には，雨が一時的に水たまりとなる雨池や植栽地を設けることにより，一時貯留を行えるように外構の計画を行うことが望ましい．

庭に池を設ける際には，一時貯留を行うための水位調節ができるように計画し，オリフィスにより流出時間を遅らせる．池でなくとも，水たまりができるように窪地をつくり，一時貯留できるようにすることも有効である．一時貯留した雨水は，時間をおいて自然浸透するように計画する．建築内の雨水貯留槽と同様にポンプ排水の方法を用いることもできる．日本には枯山水という作庭の文化があり，庭で一時貯留を行うデザインのヒントになる．庭木についても，保雨する能力の高い樹種を選ぶことで，貯留浸透に役立てることができる．

3.8 浸　透

> 雨水を浸透させる場合には，できる限りゆっくり浸透させる．浸透にあたっては，地下水の水質を損なわないように配慮する．

　雨水を浸透させる施設には，浸透ます，浸透トレンチ，浸透側溝，浸透槽，透水性舗装などがある．浸透は主に表面近くの土壌に行い，土壌のろ過や土壌微生物の働きにより雨水に混入した汚れを浄化して地下水に入れる．地下水に雨水が直接入ると地下水の水質に悪影響を与えるため，浅いところからゆっくりと浸透させる．雨水浸透を強制的に行うと，水みち（集中流）を発生させ，建物の基礎に悪影響を及ぼすことがあるので，設置位置を基礎から十分に離すことや浸透方法について注意する．また，下水道等に漏れないように注意する．低湿地や地下水位が高い場所に浸透は不向きであり，土壌の透水性等を踏まえて設計する．

　浸透施設の多くは，降雨時にのみ効果を発揮するものであるため，一時貯留と組み合わせ，降雨後に一時貯留施設から雨水を徐々に浸透施設に流し入れる等，降雨後も浸透を継続させることにより，さらに浸透効果を高めることができる．

　雨水浸透施設は，人為的に雨水を浸透させる施設であるが，本来，地盤が有している浸透能力を阻害しないという考え方が大前提であり，裸地等の自然地を保存し，自然の水循環系を確保することが望ましい．雨水浸透は比較的安価に流出抑制効果と地下水涵養の役割を果たすことができるが，都市部では敷地内に設置できる場所が限られており，一時貯留と組み合わせることにより，浸透効果を高める工夫が必要となる．

　国レベルでは，「雨水浸透施設の整備促進に関する手引き（案）」（平成22年（2010年）4月）が，国土交通省から出されており，流域全体での雨水浸透を普及させる目的で作成されたものである．一方，雨水活用建築の普及を目的とした本ガイドラインは，都市レベルの取組みの中で，建築部分の役割を担うものである．

　なお，各施設の具体的な設計方法については，下記の指針等に詳述されているため，そちらを参照されたい．

- 増補改訂雨水浸透施設技術指指針（案）調査・計画編：（公社）雨水貯留浸透技術協会 2012.9
- プラスチック製地下貯留浸透施設技術指針（案）：（公社）雨水貯留浸透技術協会 2018.4
- 戸建住宅における雨水貯留浸透施設設置マニュアル：（公社）雨水貯留浸透技術協会 2006.3

3.9 蒸発散

> 雨水を大気に還すために，屋上緑化や敷地内緑化に努める．ビオトープや草地，裸地をつくり，蒸発散させる．

　日本の場合，平均的に降水量の3分の1は大気に還る．建築においてもこれと同等の降水を大気に還すことが望ましい．屋上緑化や敷地内緑化は蒸散効果を高めるために有効であり，裸地や池をつくることは蒸発効果を高める効果がある．その際，雨水を一時的にためられる工法を用いると有効である．オンサイトでの一時貯留ができるため，雨水流出抑制の効果も大きい．また，近年では，人為的に雨水の蒸発散を促す施設が開発されている．

3.9.1 緑地，緑化による蒸散

> 緑地をつくり，植栽することは土中に雨水を保ち，長時間にわたる有効な蒸散方法である．屋上緑化は保水能力の高い方法を用いて，雨水を貯留できる方式が望ましい．壁面緑化も蒸散には有効であり，積極的に取り入れることが望ましい．

庭に木を植えたり，緑地をつくること，また，屋上緑化や壁面緑化は，植物が雨水を保水し，地下水を吸い上げる等，植物本来の生息条件が整っており，継続的な蒸散が維持できる．

屋上緑化にはさまざまな方法があるが，雨水をいったんパレットにためてこれを緑化のかん水に利用する方法があり，流出抑制の機能も持つ．オンサイトでの一時貯留であり，流出抑制の効果は大きい．壁面緑化も保水，蒸散の効果があり，都市環境の改善に役立つ．

3.9.2 裸地，屋根，池からの蒸発

> 裸地や屋根は雨が蒸発しやすい環境にあり，保水性を持つ表面であれば一時貯留して蒸発させる効果を持つ．池は開水面であり，常にたまった水を蒸発するため，蒸発能力が高い．池等への補給水に一時貯留した雨水を用いることも望ましい．

裸地や屋根はその素材によって保水能力が異なるが，高い保水能力を持たせることにより，また，その面積が大きくなるほど，大きな蒸発効果を持つ．グラウンドの仕上げ素材の選定等，排水能力だけでなく，浸透，蒸発能力も含めて計画することが望ましい．池等開水面からの蒸発量は，温度や風の条件によって変化するが，年間を通して降雨量の3分の1程度は蒸発する．

3.10 制御

> 雨水活用システムの制御には，水位計の監視により手動で上水等の補給を行う手動運転と水位計と連動して自動的に上水等の補給を行う自動システムがある．さらに，ポンプの発停や貯水量の維持，上水等の補給などを自動的に行う制御ユニットによる運転監視を行うことが望ましい．

季節等によって雨水が不足する場合があるため，その場合には，上水等への切替え，または雨水タンクや雨水貯留槽への上水等の補給を行う必要がある．そのためには，雨水タンクや雨水貯留槽内の水位を監視し，上水等の補給制御を行う必要がある．その方法には，手動で上水等を補給するものや水位計に連動し自動で補給を行うものがあるが，システムの規模や上水等の補給頻度等によって判断する．

雨水の利用施設は個別のシステムであるが，これをネットワーク管理することにより，大雨時の事前放流による都市レベルでの流出抑制ができる．そのためには，個別施設において，水位のモニタリング等が行えることがその前提となる．また，このネットワーク管理により，電気における売買電のように社会システム化して余剰雨水の再配分をすることも将来的に望まれる．

3.11 システム化

> 雨水活用システムは，その用途に応じて，集雨，保雨，整雨，配雨，一時貯留，浸透，蒸発散の各方法を組み合わせ，運用方法，地理条件，設置条件を踏まえて構成する．

原水としての雨の水質は，地域や季節等，さまざまな要因によって異なる．しかし，その差異にかかわらず，初期雨水を適切に排除することで用途に対応する一定の水質を得ることができる．雨水を活用しようとする際には，その用途によって組み立てるシステムが異なり，それによる整雨レベルも異なる．より高い整雨レベルを求める際には，その性能が得られるシステムを組み立てる．

表 3.11.1.1 の用途ごとに，表 3.11.2.1 ～ 3.11.2.7 および表 3.11.3.1 ～ 3.11.3.3 で示す装置や施設を組み合わせたものが，雨水活用システムとなる．参考までに，システムの組合せ例を表 3.11.4.1 に示すが，実際のシステムは諸条件を踏まえて適切に設計する．

※表 3.11.1.1, 表 3.11.2.1 ～ 3.11.2.7, 表 3.11.3.1 ～ 3.11.3.3 および表 3.11.4.1 に記載された区分や定義，記号は，本書の第1版掲載のものとは異なるものがあるので，注意されたい．

3.11.1 用 途

表 3.11.1.1 用 途

用途	整雨	制菌	方法	備考	記号
散水・水やり	レベルI	C	ひしゃく，じょうろ	バケツから	S1
			ホース	水栓から	S2
			かん水チューブ	水栓またはポンプから	S3
	レベルIII	B	スプリンクラー	水栓またはポンプから	S4
ビオトープ	レベルI	C	池	水生動植物	L1
洗 浄	レベルI	C	泥落とし		C1
			掃除		C2
	レベルII		洗浄	瓶，缶等	C3
			洗車		C4
トイレ	レベルIII	C	流し水		T1
	レベルIV	A	手洗い水・温水洗浄便座		T2
洗 濯	レベルIII	C	手洗い		W1
			洗濯機		W2
冷却水等	レベルIII	B	冷温水配管		H1
			開放型	蒸発熱利用	H2
風 呂	レベルIV	B	浴槽		B1
シャワー・洗面	レベルIV	A	シャワー		B2
			手洗い・洗面		B3
飲用水	レベルIV	A	調理		D1
			湯茶		D2
			飲用		D3

＊整雨・制菌の詳細については，表 3.2.1 および表 3.2.2 を参照．

3.11.2 建　築

表 3.11.2.1 集雨装置

部位	名称		仕様	記号
屋根	土系	陶器瓦	タイルを含む	RS1
		天然・人工スレート		RS2
		セメント瓦	コンクリートを含む	RS3
		ガラス		RS4
	金属系	亜鉛めっき鋼板	ガルバリウム鋼板を含む	RM1
		ステンレス板，アルミ板	チタン板を含む	RM2
		銅板		RM3
	樹脂系	シート防水	アスファルトルーフィング等	RP1
		FRP防水		RP2
		ポリカーボネート等	塩化ビニル板を含む	RP3
	緑化系	屋上緑化、屋根緑化		RG1
	草木系	かやぶき		RW1
	布系	テント		RC1
	その他			RX
ドレン	ルーフドレン・軒といドレン		粗いゴミ用	DD1
	ドレン用ゴミ除け		細かいゴミ用ネット	DD2
	ドレン用オリフィス		一時貯留用	DD3
とい(樋)	樹脂製			DP1
	金属製			DP2
	鎖とい		チェーンなど	DP3

表 3.11.2.2 取水装置

部位	名称		仕様	記号
取水装置	取水器	取水継手	竪といの途中に設置	CP1
	取水フィルター		初期雨水排除ができるもの	CP2
	取水ます		地中設置	CH1

表 3.11.2.3 保雨装置①

名称	設置タイプ		仕様等	記号
雨水タンク	屋外・屋内	据置型	樹脂製 木製 金属製 陶製	ST1
	屋外	埋設型	樹脂製 コンクリート製	ST2
	屋内	床下型	樹脂製	ST3
雨水貯留槽	独立型	据置型	樹脂製 金属製	SS1
		埋設型	樹脂製 コンクリート製	SS2
	躯体利用型	—	コンクリート製	SS3

表 3.11.2.4 整雨装置

部位	素材・形状等		備考	記号
スクリーン	金属	板状	パンチング・エキスパンド	FS1
		線状	網・すのこ	FS2
フィルター	樹脂	立体成型品		FP1
		平面構成品 網状		FP2
		平面構成品 布状		FP3
	繊維	糸・布状		FT1
	セラミック	筒状・粒状		FP1
ろ過装置	樹脂			FI1
	活性炭	粒状・繊維状		FI2
	砂・鉱物		砂・ゼオライト等	FI3

表 3.11.2.5 制菌装置

部位		名称	仕様	記号
制菌	除菌	精密ろ過（MF）		FM1
		限外ろ過（UF）		FM2
		逆浸透（RO）		FM3
	消毒	塩素		FD1
	殺菌	紫外線		FD2
		オゾン		FD3
		煮沸		FD4

表 3.11.2.6 配雨装置

部位		名称	仕様	記号
陸上	くみ上げ式ポンプ	低圧		PS1
		水道水圧	井戸用	PS2
		水道水圧より高め		PS3
	横置式ポンプ			PS4
	小型直流ポンプ		ビオトープ向け	PS5
水中	水中ポンプ	低圧		PW1
		水道水圧		PW2
		小型直流	ビオトープ向け	PW3

表 3.11.2.7 制御装置

部位		名称	仕様	記号
制御盤	運転制御	運転表示		AR1
		遠隔制御		AR2
		警報		AR3
	水位監視	水位計		AW1
		センサー	残量感知	AW2
		上水補給	自動運転	AW3

3.11.3 建築に伴う敷地

表 3.11.3.1 集雨・蒸発散面

部位	名称		仕様	記号
地 表	土			GS1
	舗 装	アスファルト	コンクリートを含む	GP1
		舗石	インターロッキングを含む	GP2
		砂利		GP3
		透水性舗装	アスファルト，透水ブロック等	GP4
	植 栽	草地		GG1
		林地		GG2
屋 根	緑化系	屋上緑化，屋根緑化		RG1
	草木系	かやぶき ほか		RW1

表 3.11.3.2 浸透施設

部位	名称		仕様	記号
地 下	浸透ます	コンクリート製	有孔タイプ	IM1
			ポーラスタイプ	IM2
		樹脂製	有孔タイプ	IM3
	浸透トレンチ	コンクリート製	有孔タイプ	IT1
			ポーラスタイプ	IT2
			スリットタイプ	IT3
		樹脂製	有孔タイプ	IT4
	浸透側溝	コンクリート製	有孔タイプ	ID1
			ポーラスタイプ	ID2
	浸透槽	樹脂製		IS1
		コンクリート製		IS2
地 表	透水性舗装	コンクリート製	透水性コンクリート	IP1
		樹脂製		IP2

表 3.11.3.3 保雨装置②（一時貯留用）

部位	名称		仕様	記号
地 表	池			SW1
	水 路			SW2
	雨 池	水たまり		SW3
	広 場	一時貯留		SP1
	駐車場	一時貯留	オリフィス	SP2
地 下	貯留槽	据置型	樹脂製 金属製	SS1
		埋設型	樹脂製 コンクリート製	SS2
		躯体利用型	コンクリート製	SS3
	れき(礫)間貯留			SS4

3.11.4 雨水活用システムの組合せ例

雨水活用システムの組合せ参考例を用途ごとに一例のみ示す．また，代表的な使用用途での組合せイメージを図3.11.4.1～3.11.4.5に示す．

表3.11.4.1 雨水活用システム組合せ例

◎印は必須，●印は不適

用途	必要となる整雨レベル(上段)と制菌(下段)	建築 集雨				保雨	整雨	制菌	配雨	制御
S1 散水(バケツ)	レベルI / C	RS1 陶器瓦	DD1 ルーフドレン・軒といドレン	DP1 樹脂製とい	CP1 取水器	ST1 据置型タンク	―	―	―	―
S2 散水(ホース)	レベルI / C	RS2 スレート	DD1 ルーフドレン・軒といドレン	DP1 樹脂製とい	CP1 取水器	ST1 据置型タンク	―	―	PS2 井戸用ポンプ	―
S3 かん水チューブ	レベルI / C	RM1 めっき鋼板	DD2 ドレン用ゴミ除け	DP1 樹脂製とい	CP1 取水器	SS2 埋設型貯留槽	FP1 フィルター(立体成型)	―	PW2 水中ポンプ	―
S4 スプリンクラー	レベルIII / B	RM2 ステンレス等	DD2 ドレン用ゴミ除け	DP1 樹脂製とい	CP2 初期雨水排除	SS2 埋設型貯留槽	FP2 フィルター(網状)	―	PS2 井戸用ポンプ	AW1 水位計
L1 ビオトープ	レベルI / C	RS1 陶器瓦 / ●RM3 鋼板	DD1 ルーフドレン・軒といドレン	DP1 樹脂製とい	CP1 取水器	FS1 埋設型貯留槽	FS1 スクリーン(板状)	―	PS5 小型直流ポンプ	AW1 水位計
C1 泥落とし	レベルI / C	RM3 鋼板	DD1 ルーフドレン・軒といドレン	DP1 樹脂製とい	CP1 取水器	ST1 据置型タンク	―	―	―	―
C2 掃除	レベルI / C	RS4 ガラス	DD1 ルーフドレン・軒といドレン	DP1 樹脂製とい	CP1 取水器	ST1 据置型タンク	―	―	―	―
C3 洗浄	レベルII / C	RM1 めっき鋼板	DD1 ルーフドレン・軒といドレン	DP1 樹脂製とい	CP2 初期雨水排除	ST1 据置型タンク	―	―	―	―
C4 洗車	レベルII / C	RS1 陶器瓦	DD2 ドレン用ゴミ除け	DP1 樹脂製とい	CP2 初期雨水排除	SS2 埋設型貯留槽	FP3 フィルター(布状)	―	PW2 水中ポンプ	AW2 残量センサー
T1 トイレ(流し水)	レベルIII / C	RP1 シート防水	DD2 ドレン用ゴミ除け	DP1 樹脂製とい	CP2 初期雨水排除	SS3 躯体利用貯留槽	FS1 スクリーン(板状)	―	PW2 水中ポンプ	AR1 運転表示 / AW3 自動上水補給
T2 トイレ(手洗い)	レベルIV / A	RP1 シート防水	DD2 ドレン用ゴミ除け	DP1 樹脂製とい	CP2 初期雨水排除	SS3 躯体利用貯留槽	FI1 ろ過(樹脂)	FD1 塩素消毒	PW2 水中ポンプ	AR1 運転表示 / AW3 自動上水補給
W1 洗濯(手洗い)	レベルIII / C	RS2 スレート	DD2 ドレン用ゴミ除け	DP1 樹脂製とい	CP2 初期雨水排除	ST1 据置型タンク	FP1 フィルター(立体成型)	―	PS1 くみ上げポンプ(低圧)	―
W2 洗濯(洗濯機)	レベルIII / C	RS2 スレート	DD2 ドレン用ゴミ除け	DP1 樹脂製とい	CP2 初期雨水排除	SS2 埋設型貯留槽	FI1 ろ過(樹脂)	―	PW2 水中ポンプ	AR1 運転表示 / AW3 自動上水補給
H1 冷却水等(配管)	レベルIII / B	RM2 ステンレス等	DD2 ドレン用ゴミ除け	DP1 樹脂製とい	CP2 初期雨水排除	SS3 躯体利用貯留槽	FI1 ろ過(樹脂)	FD1 塩素消毒	PW2 水中ポンプ	AR1 運転表示 / AW3 自動上水補給
H2 冷却水等(開放)	レベルIII / B	RM2 ステンレス等	DD2 ドレン用ゴミ除け	DP1 樹脂製とい	CP2 初期雨水排除	SS3 躯体利用貯留槽	FI1 ろ過(樹脂)	FM2 限外ろ過	PW2 水中ポンプ	AR1 運転表示 / AW3 自動上水補給
B1 風呂	レベルIV / B	RM2 ステンレス等	DD2 ドレン用ゴミ除け	DP1 樹脂製とい	CP2 初期雨水排除	SS1 据置型貯留槽	FI1 ろ過(樹脂)	FM3 逆浸透	PW2 水中ポンプ	AR1 運転表示 / AW3 自動上水補給
B2 シャワー	レベルIV / A	RM2 ステンレス等	DD2 ドレン用ゴミ除け	DP1 樹脂製とい	CP2 初期雨水排除	SS1 据置型貯留槽	FI1 ろ過(樹脂)	FD1 塩素消毒	PW2 水中ポンプ	AR1 運転表示 / AW3 自動上水補給
B3 手洗い・洗面	レベルIV / A	RM2 ステンレス等	DD2 ドレン用ゴミ除け	DP1 樹脂製とい	CP2 初期雨水排除	SS1 据置型貯留槽	FI1 ろ過(樹脂)	FD1 塩素消毒	PW2 水中ポンプ	AR1 運転表示 / AW3 自動上水補給
D1 調理	レベルIV / A	RM2 ステンレス等	DD2 ドレン用ゴミ除け	DP1 樹脂製とい	CP2 初期雨水排除	ST3 床下型タンク	FI1 ろ過(樹脂)	◎FM3 逆浸透	PS2 井戸用ポンプ	AW1 水位計
D2 湯茶	レベルIV / A	RM2 ステンレス等	DD2 ドレン用ゴミ除け	DP1 樹脂製とい	CP2 初期雨水排除	ST3 床下型タンク	FI1 ろ過(樹脂)	◎FD4 煮沸	PS2 井戸用ポンプ	AW1 水位計
D3 飲用	レベルIV / A	RM2 ステンレス等	DD2 ドレン用ゴミ除け	DP1 樹脂製とい	CP2 初期雨水排除	ST3 床下型タンク	FI1 ろ過(樹脂)	FM3 逆浸透 / ◎FD1 塩素消毒	PS2 井戸用ポンプ	AW1 水位計

＊実際には，用途を複合して利用されることが多く，このような単独システムとしての組合せになることはあまりない．

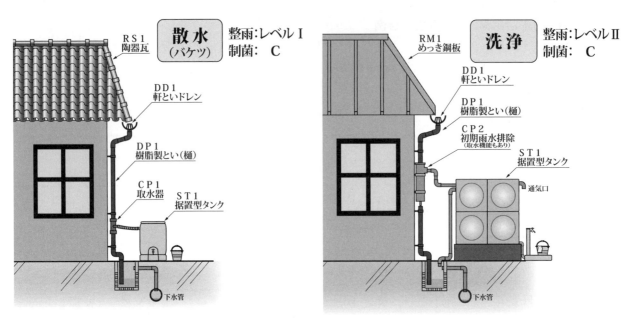

図 3.11.4.1 「散水」利用での組合せイメージ　　図 3.11.4.2 「洗浄」利用での組合せイメージ

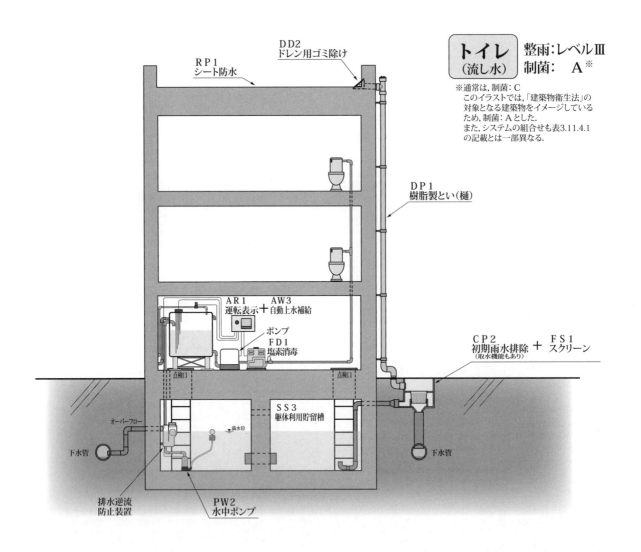

図 3.11.4.3 「トイレ（流し水）」利用での組合せイメージ

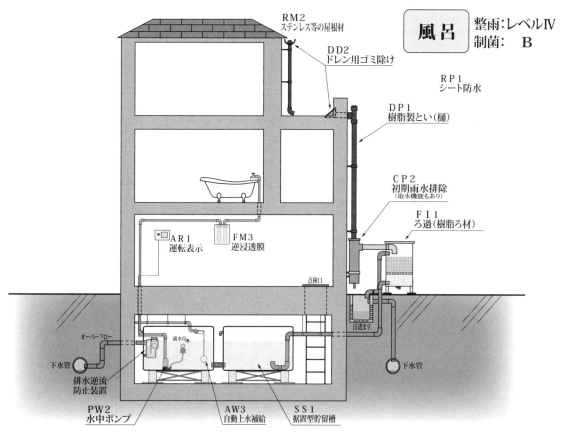

図 3.11.4.4 「風呂」利用での組合せイメージ

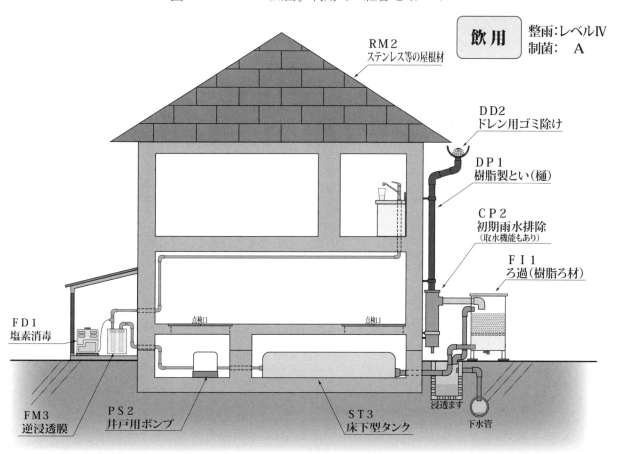

図 3.11.4.5 「飲用」利用での組合せイメージ

3.12 表示

> 誤飲やクロスコネクションを防止するために，配管や水栓には「雨水」の表示を行う．雨水を色で表現する場合には，青緑を用いる．

雨水は，独立した水系として管理する必要がある．そのために，配管等に「雨水」の表示を行うとともに，整雨・制菌レベルが飲用に達しない場合は，水栓に飲用できない旨の表示を行う．表示に用いる材料および文字は，経年的に劣化に強く，表示が消えたり，容易にはく離しにくい素材，方法を用いる．水栓は，一般的な形状のものではないものを用いて区別しやすくする．色で表示する場合には，給水を青，給湯を赤，雨水は青緑（マンセル値 1.5BG6/10）とする．

図 3.12.1 雨水用水栓の表示例　　図 3.12.2 JIS 標準案内用図記号（飲めない）

3.13 重要事項の説明

> 雨水活用システムや製品を販売する者は，その特徴や禁止事項，維持管理等（重要事項）について，使用前に取扱説明書等をもとに購入者または当該システムの管理者に説明を行う．

雨水活用システムや製品を販売する者（設計者，施工者，雨水活用製品メーカー等）は，そのシステムや製品に関する重要事項について記載した取扱説明書等を作成し，それをもとに購入者または当該システムの管理者（以下，購入者等という）に対し説明を行う．

不特定多数が当該システムを使用する場合，購入者等は，取扱説明書に記載された警告・注意事項や使用方法，トラブル発生時の連絡先等を掲示などによって，使用者に知らしめなければならない．

取扱説明書に記載し，購入者等に説明すべき重要事項は次のとおりとする．

①システムの概要および目的　　②警告事項（重大な事故の原因となる事項）
③注意事項（ケガやシステムの損傷等の原因となる事項）　　④推奨事項（やっておくとよいまたは便利な事項）
⑤システムの使用方法　　⑥維持管理方法およびその期間
⑦システムに関する問合せ先および異常発生時の連絡先

4章 製 品

4.1 一般事項
4.1.1 目 的

> 製品ガイドラインは，雨水活用システムに関する各種製品に必要な機能や性能を示し，一定レベルでの雨水活用を可能にすることを目的とする．

　本章は，雨水活用システムに用いられる以下の項目に該当する工場製造製品等を対象とし，各々の製品に必要な機能・構造等を示し，それらを用いてシステムを構成することで，一定レベルでの雨水活用を可能にすることを目的としている．

　　集　雨：　集雨装置，取水装置
　　保　雨：　雨水タンクおよび雨水貯留槽
　　整　雨：　整雨装置・制菌装置（フィルター・消毒・殺菌等）
　　配　雨：　配管および継手，ポンプ，制御装置等，量水器等測定装置，水栓等末端器具，便器
　　一時貯留・浸透・蒸発散：　一時貯留施設，浸透施設，蒸発散施設

4.1.2 材 料

> 製品には，雨水活用システムに適した材料を用いる．

　雨水活用システムに使用する製品は，水・大気・土壌等の周辺環境を汚染しない構造，材質で，かつ耐久性・耐食性を持つものとする．
　使用材料が，官公署または上下水道事業者の規定等の適用を受ける場合は，それらの規定等に適合するか，または使用を承諾されたものとする．

4.2 集雨装置
4.2.1 集雨面（屋根）

> 集雨面として屋根を用いる場合は，その材料が雨水や周辺環境を汚染しないものとする．製品には，再生材料を使用したものや，再生利用が可能な材料を用いることが望ましい．

　集雨面（屋根）の材料は，一般的に，土系（瓦，天然・人工スレート，コンクリート等），金属系（ガルバリウム，ステンレス，銅等），樹脂系（ポリカーボネート，塩化ビニル），その他（アスファルト防水等）に分けられる．いずれにしても，集雨する雨水や周辺環境に影響の少ないものを用いる．また，環境配慮への観点から，製品に再生材料を使用したものや再生利用が可能な材料を用いることが望ましい．

4.2.2 集雨面（地表面）

> 集雨面として地表面を用いる場合は，雨水や周辺環境を汚染しないよう配慮することが望ましい．

　地表面を集雨面とする場合，芝生や植生等による影響（薬剤，枯葉等），土砂による汚濁を考慮する．雨水貯留槽の流入側に設置する取水ますやU字溝に，ゴミや砂を十分除去できるような対策を施す必要がある．また，水質汚濁が懸念される場合，活用目的に応じた水質が得られるように対策を講じる．

4.2.3 ドレン

> ドレンは，落ち葉やゴミ等を遮断し，陸屋根・バルコニー・軒とい等からの雨水を雨水管，または竪といに円滑に導くことができるものとする．

ドレンとは，陸屋根，バルコニー，軒とい等から，雨水を竪といへ導くための落し口を指す．ルーフドレンおよび軒といドレンの例を図 4.2.3.1 に示す．

(1) 材質

本ガイドライン「4.1 一般事項」の要件を満たすもの，または，JIS A 5522「ルーフドレン（ろく屋根用）」に規定する材料を用いたもの．

(2) 機能・構造

以下の機能・構造を備えているもの．

- 落ち葉，大きなゴミ等を遮断するスクリーン（ゴミ除け等）がある．
- スクリーンは，ゴミ等によって通水が妨げられないよう十分な開口面積がある．
- 接続管径が 75A〜150A のものは，スクリーンの有効開口面積やスリット幅について，JIS A 5522 に準じたものである．また，落ち葉やゴミ等でドレンが詰まりやすい場所では，スクリーンのほかにゴミ除け（図 4.2.3.2）を設ける．雨とい等ドレン以外の部分で，落ち葉やゴミ等を遮断できる構造（図 4.2.3.3）の場合は，スクリーンを省略することもできる．
- ゴミ除けのメッシュのサイズは，除去したいものの大きさを考慮し設定する．メッシュのサイズが小さいと除去能力は高いが，すぐに目詰まりし，通水の妨げとなるほか，常に点検，清掃が必要となる．
- 砂，砂利，泥が流入しにくい．
- ドレン周りの砂，泥，ゴミが容易に清掃できる．
- 滞留水が生じにくい．

(3) 寸法・形状

前記の機能が十分に発揮される寸法・形状である．また，接続される管径，設置位置，設置方法等も考慮する．接続管径が 75A〜150A のものは，JIS A 5522 に準じる．

ドーム型　　平型　　横引用　　中継用
ルーフドレン

軒とい（自在）ドレン

図 4.2.3.1 ルーフドレンおよび軒とい（自在）ドレンの例

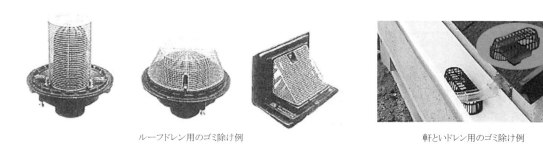

ルーフドレン用のゴミ除け例　　　　　　軒といドレン用のゴミ除け例

図 4.2.3.2 ドレン用ゴミ除けの例

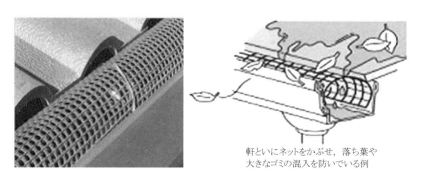

軒といにネットをかぶせ，落ち葉や
大きなゴミの混入を防いでいる例

図 4.2.3.3 ドレン以外でのゴミ除けの例

4．2．4 とい（樋）

> とい（樋）には，軒といと竪といがある．集雨面からの雨水を導き，円滑に流せるものとする．とい（樋）は，再生材料を使用したものや再生利用が可能な材料を用いることが望ましい．

　とい（樋）には，軒先に取り付け，屋根からの雨水を受ける軒とい（雨とい）やルーフドレン等から下水等へ流すための竪といがある．いずれも，雨水を円滑に流すことが重要である．また，落ち葉やゴミ等が雨水に混入することを防ぐ機能があることが望ましい．

　竪といの形状については，一般的に丸または正方形に近いものが多い．雨水を円滑に流すことができれば，それ以外の形状でも大きな問題はないが，取水装置など竪といに取り付ける装置等は，一般的な形状の竪とい（表 4.2.4.1）に接続ができるよう設計されているため，その点も考慮して形状を決める必要がある．

(1) 材質

　耐久性・耐食性に優れた材質であること．また，集雨した雨水や周辺環境に対し，悪影響を及ぼさないものが望ましい．一般には，小規模施設においては樹脂製のものが，中・大規模では樹脂製や金属製のものが用いられる．環境配慮の観点から製品に再生材料を使用したものや，再生利用が可能な材料を用いることが望ましい．

(2) 形状
- 雨水を集雨面から導き，円滑に流すことができる形状である．
- 下水等への流出（排出）速度を抑制できることが望ましい．
- 地域気象条件，排水能力計算に基づいた排水断面積を有している．
- 落ち葉やゴミ等がたい積しにくい，または詰まりにくい形状であることが望ましい．
- 維持管理がしやすい構造とする．堅といについては，点検口や掃除口を備えていることが望ましい．

表 4.2.4.1 一般的な住宅用堅といの断面形状

丸堅とい断面形状	寸法	角堅とい断面形状					
（丸型）	φ45mm	T15	寸法 たて40mm よこ40mm	SK40F	寸法 たて42mm よこ42mm	S30	寸法 たて60mm よこ60mm
	φ55mm						
	φ60mm						
	φ75mm	T30	寸法 たて60mm よこ60mm	PC30	寸法 たて60mm よこ60mm	V60	寸法 たて60mm よこ60mm
（しずく型）	φ60mm	K-35	寸法 たて60mm よこ60mm	F-35	寸法 たて60mm よこ60mm	Y60	寸法 たて60mm よこ60mm
		MY60	寸法 たて55mm よこ75mm				

4.2.5 取水装置

> 取水装置は，集雨面から集雨装置を経て集められた雨水を，円滑に雨水タンクまたは雨水貯留槽へ導くことができるものとする．取水とともに落ち葉やゴミ，初期雨水を排除できることが望ましい．

取水装置には，堅といに取り付けて雨水タンクや雨水貯留槽に導く取水器（取水継手），地下に埋設し，堅といを経た雨水や地表面からの雨水を雨水貯留槽へ導く取水ますなどがある．

DIN（ドイツ工業規格）認定の"Filter"と呼ばれるものは，雨水タンクまたは雨水貯留槽へ雨水を導くと同時に，DINで決められた一定レベルのゴミや砂の除去能力を持っているため取水装置には分類せず，取水フィルターとして位置づけている．

(1) 材質
- 取水装置を通る雨水または周辺環境に影響の少ない材質を用いる．取水ます等地下に埋設するものは，腐食に強く，荷重や土圧に耐えられる材質とする．
- 製品に再生材料を使用したものや，再生利用が可能な材料を用いることが望ましい．

(2) 機能・構造
- 雨水を集雨装置から円滑に雨水タンクや雨水貯留槽へ導くことができる．
- 堅といに取り付けるものにあっては，といの排水能力を著しく低下させない．
- 取水器（取水継手）は，一般的な堅とい形状のいずれにも対応できる構造が望ましい．
- 雨水を集雨装置から雨水タンク等へ導くと同時に，落ち葉やゴミ，初期雨水を排除できる構造とすることが望ましい．
- 維持管理が容易に行える．
- 地表面から集雨する場合，取水装置以外の部分で，落ち葉やゴミ，土砂等の排除ができないため，必ず落ち葉やゴミ等を分離し，流入した砂泥を沈殿させることができる．また，分離した落ち葉やゴミ，沈殿させた砂泥を容易に取り除くことができる．

※取水装置の例を図 4.2.5.1 に示す．形状・構造の異なったさまざまな装置があるので，詳細は「雨水活用製品便覧」（（公社）雨水貯留浸透技術協会発行）を参照のこと．

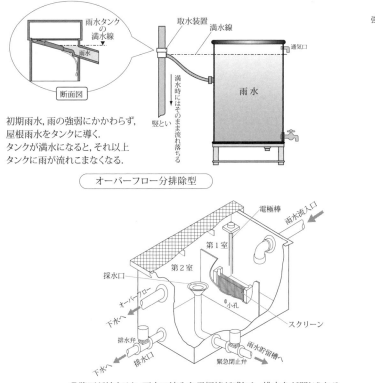
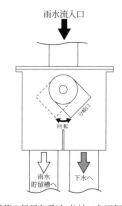

図 4.2.5.1 取水装置の例

4.3 保雨装置（雨水タンクおよび雨水貯留槽）

> 雨水タンクおよび雨水貯留槽は，貯水性能を維持し，変形が少なく，劣化や腐食等に強いものとする．
> 藻類の発生を抑制するため，一定以上の遮光性を維持できる材質または構造とする．

保雨装置は，貯留容器が一体構造で，施工時に貯留部分の組立てを必要としないものを"雨水タンク"，コンクリート打設や樹脂製貯留材等を用いて貯留部分を施工現場にて組み立てる"雨水貯留槽"に分類される（分類の詳細は「3.4 保雨（雨水タンクおよび雨水貯留槽）」を参照）．雨水タンクおよび雨水貯留槽の種類と特徴を表 4.3.1 に示す．

(1) 材質
- 腐食に強く耐久性に優れ，貯水性能が維持できるものである．
- 貯留した雨水の水質に悪影響を及ぼさないものである．
- 埋設した場合，周囲の土壌を汚染しないものである．
- 藻類の発生を抑制するため，一定度の遮光性を継続的に維持できる．
- 地下埋設型の場合，想定される外力（土圧・浮力等）に対して，十分な強度を有し，耐久性に優れ，貯水性能が維持できる．

(2) 機能・構造
- 貯水性能が長期にわたって維持でき，変形が起きにくい構造とする．
- 藻類の発生を抑制するため，光が入りにくい構造とする．
- 満水時に雨水をスムーズに排出できる，オーバーフロー機能を有する．
- オーバーフロー機能は，取水装置やその他の部分で行うことも可能である．
- 雨水貯留槽は，オーバーフローを行う管の管底高を満水位とする．
- 地下埋設型の場合，オーバーフロー管には下水からの汚水や臭気の逆流防止，昆虫や小動物の侵入を防止する機能を備えるものとする．
- 雨水タンクおよび雨水貯留槽の内部の堆積物を確認できる．また，確認した堆積物を容易に排除できる構造が望ましい．
- 水位計等，内部の水量が目視できる構造が望ましい．地上設置型の雨水タンクや雨水貯留槽に水位がわかる小窓等を設ける場合は，小窓等から光を透過させないよう配慮する．
- アンカー留めや壁面へのチェーンでの固定等，転倒防止策が講じられる構造とする．
- 維持管理が容易に行える構造とする．
- 維持管理の方法やトラブル発生時の対処法が記載された取扱説明書を添付する．
- 雨水をスムーズに流入させるため，内部の空気抜きができる．
- 空気抜き装置には，内部にゴミや昆虫，小動物の侵入を防止する機能を有する．
- 目視できる部分に，雨水を貯留していることを表示する．

表 4.3.1 雨水タンク・雨水貯留槽の種類と特徴

種類・タイプ			記号	特徴
雨水タンク	屋内・屋外	据置型	ST1	・小型のものは，バルコニーやベランダにも設置でき，プランターへの水やり等を目的とした利用に向いている． ・堅といに取水装置を取り付けるだけで取水でき，容易に設置ができる． ・ひび割れや腐食の心配が少ないポリエチレン製やステンレス製がある． ・2つ以上のユニットを連結できるため，必要に応じて増設が可能である
	屋外	埋設型	ST2	・上部空間を有効に利用できる． ・貯留した雨水の温度変化が少ない．
	屋内	床下型	ST3	・デッドスペースを利用し貯留できる． ・貯留した雨水の温度変化が少ない．
雨水貯留槽	独立型	据置型	SS1	樹脂製：・水漏れや損傷等に対し，点検がしやすい． ・高い位置に設置することで，水圧が利用できる． 金属製：・遮光性が高く防藻性に優れる，紫外線劣化が少ない． ・水漏れや損傷等に対し，点検がしやすい． ・高い位置に設置することで，水圧が利用できる．
		埋設型	SS2	樹脂製：・大きさ，重量等，人が容易に扱える部材で，施工が簡単である． ・十分な土被りを確保することで，上部を駐車場等に利用できる． ・コンパクトに積み重ねが可能で，運搬に大型車両を使用する必要がなく，狭い場所でも搬入，施工ができる． ・工場で組み立てたものを設置するタイプもある． コンクリート製：・強度が高く，上部を駐車除等に利用できる． ・維持管理等の際，貯留槽内部に入ることができる．
	躯体一体型	―	SS3	・地下等の建物躯体の空間を利用するため，大きな貯留槽が比較的安価に建設できる．

4.4 整雨装置・制菌装置（フィルター，消毒，殺菌等）

> ゴミや落ち葉，浮遊物質（SS）等雨水に混入しているものを適切に除去できるものとする．また，雨水の活用用途によっては，細菌や金属イオンの除去，殺菌，除菌等の能力も必要である．

整雨装置は，活用用途に合った整雨レベルを得るため，落ち葉やゴミ，SSを適切に除去できる．とい（樋）やドレンに取り付けるゴミ除けスクリーン，取水装置のゴミ除け網，初期雨水排除機能等も，整雨装置として考える．

制菌装置は，一定レベル以上に整雨された雨水中の微生物やウイルスを除去または消毒・殺菌できる．金属イオンの効果を利用し，貯留した雨水中の微生物の繁殖を抑制する（抗菌）するものもある．

整雨装置，制菌装置には，下記のものが挙げられる．整雨・制菌に用いる装置の例を表 4.4.1 および表 4.4.2 に示す．

整雨装置
- 取水フィルター：雨水タンクおよび雨水貯留槽に入れる手前で整雨を行うもの
- 配雨フィルター：雨水タンクおよび雨水貯留槽へ貯留した後，配雨の途中で整雨を行うもの

制菌装置
・除菌装置："整雨レベルⅢ"以上の雨水中の微生物の数を減らし，清浄度を高めるもの
・消毒・殺菌装置："整雨レベルⅣ"の雨水を消毒，殺菌するもの

表 4.4.1 整雨に用いる装置等の例

	材質	形状等	記号	特徴
整雨レベルⅠ〜Ⅱ	金属	パンチング エキスパンド	FS1	落ち葉や大きなゴミを除去する．
		網状	FS2	落ち葉や大きなゴミを除去する．金属によっては抗菌作用を利用できる．
	樹脂	立体型	FP1	落ち葉やゴミを除去する．構造によって微細な混入物も除去可．腐食に強い．
		網状 布状	FP2 FP3	落ち葉やゴミを除去する．腐食に強い．メッシュサイズによって微細な混入物も除去可．
整雨レベルⅢ〜Ⅳ	セラミック	筒状 粒状	FP1	砂や泥等の混入物を除去する．細菌等の除去が可能なものもある．
	樹脂	粒状	FI1	微細な混入物を吸着，除去する．
	繊維	布・糸状	FT1	微細な混入物を除去する．一度，ろ過や沈殿を行った後に利用する．天然繊維は長期間の使用で腐食する可能性がある．
	活性炭	粒状・繊維状	FI2	微細な混入物を吸着，除去する．臭気の除去にも役立つ．
	砂・鉱物	粒状	FI3	砂や泥等比較的細かい粒子が除去できる．メンテナンスに手間がかかる．

表 4.4.2 制菌に用いる装置や方法等の例

		装置等	記号	特徴
制菌	除菌	精密ろ過膜（MF）	FM1	雨水中の微生物※の除去ができる．
		限外ろ過膜（UF）	FM2	雨水中の微生物※，ウイルスの除去ができる．
		逆浸透膜（RO）	FM3	雨水中の微生物※，ウイルス，金属イオンの除去ができる．
	消毒	塩素	FD1	雨水中の病原菌を減少させることができる．
	殺菌	紫外線	FD2	適切な方法で，雨水中の病原菌を殺すことができる．
		オゾン	FD3	
		煮沸	FD4	

※微生物：ウイルスを除く，細菌，菌類，微細藻類，原生動物

4.4.1 取水フィルター

> 取水フィルターは，取水装置によって導かれた雨水の整雨を行う．DIN（ドイツ工業規格）に則って製造された製品のように，取水装置と取水フィルターを兼ねたものもある．

(1) 材質
　耐久性・耐食性が高く，整雨した雨に悪影響を及ぼさない素材である．
　特に，砂等鉱物をろ過材に使用する場合は，十分な洗浄を行ったものを使用する．

(2) 機能・構造
- ゴミや落ち葉，砂やほこりといった混入物が除去できる．除去した混入物は，下水等へ流さず，一度ためて点検，清掃時に取り除く構造が望ましい．
- フィルターやろ過材の点検，清掃，交換が容易に行える．
- 沈殿装置は，雨水の流入により沈殿物を巻き上げにくい構造とする．また，沈殿物のたまり具合が目視でき，沈殿物が容易に排除できる構造とする．
- 堅といに取り付ける取水フィルターは，一般的な堅とい形状のいずれにも対応できることが望ましい．

4.4.2 配雨フィルター

> 配雨フィルターは，浮遊物質（SS）や，臭気を除去できるものとする．また，維持管理が容易に行える構造とする．

配雨フィルターは，"整雨レベルⅢ"に整えられた雨水中に残る，浮遊物質（SS）や臭気等を除去できる．

(1) 材質
　耐久性・耐食性が高く，整雨した雨水に悪影響を及ぼさない素材である．

(2) 機能・構造
- 浮遊物質（SS），臭気が除去できる．
- 除去した混入物が逆流しない構造とする．
- フィルターの点検，清掃，交換が容易に行える．また，フィルターの交換時期が容易に判断できる，もしくは交換時期が製品に記されている．
- 一般的な家庭用給水管に適応した規格のものである．
- 上水道程度の水圧，流量で混入物の除去を行うことができる．

4.4.3 除菌装置

> 除菌装置は，"整雨レベルⅢまたはⅣ"の雨水中の微生物の数を減らし，清浄度が高められるものとする．

除菌装置は，"整雨レベルⅢまたはⅣ"に整えられた雨水中の微生物の除菌が行える．除菌とは，「ろ過や洗浄等の手段で，物体に含まれる微生物の数を減らし，清浄度を高めること」[1]を指す．

除菌に使用する薬液等は，利用者や用途，周辺環境に対して害を及ぼさないものを使用する．

（一社）浄水器協会「災害用浄水機器に関する性能試験方法の規格」において，災害時や緊急時における飲用水確保のために用いる浄水機器（災害用浄水機器）についての試験方法等が定められている．

（1）材質
　耐久性・耐食性が高く，除菌した雨水に悪影響を及ぼさない素材である．
（2）機能・構造
　・"整雨レベルⅢまたはⅣ"の雨水の除菌が確実に行える．
　・装置の点検・維持管理が容易に行える．また，装置が正常に機能しているか確認，または検査が行える．
　・維持管理に専門的な知識または資格が必要な場合は，製品提供者が点検等を行う者を手配できる．
　・除菌効果を維持できる期間が，製品または取扱説明書に記されている．
　・一般的な家庭用給水管に適応した規格のものである．
　・上水道程度の水圧，流量で除菌が行える．

〈出典〉1）日本建材・住宅設備産業協会：「建材・住宅設備機器における抗菌性能試験方法・表示および判定基準」

4.4.4 消毒・殺菌装置

> 消毒・殺菌装置は，"整雨レベルⅣ"の雨水中の微生物やウイルスを消毒，殺菌できるものとする．

消毒・殺菌装置は，"整雨レベルⅣ"に整えられた雨水を消毒または殺菌できるものとする．消毒とは，「物体または生体に付着するかまたは含まれている病原性微生物を死滅または除去させ，感染能力を失わせる」[1]こと，殺菌とは，「対象物に生存している微生物を死滅させる」[1]ことを指す．

消毒，殺菌等に使用する薬液等は，雨水中に残存していても，利用者や用途，周辺環境に対して害を及ぼさないものを使用する．

（1）材質
　耐久性・耐食性が高く，消毒・殺菌した雨水に悪影響を及ぼさない素材である．
（2）機能・構造
　・"整雨レベルⅣ"の雨水の殺菌等が確実に行える．
　・一般的な家庭用給水管に適応した規格のものである．
　・装置の点検・維持管理が容易に行える．また，装置が正常に機能しているか確認または検査が行える．維持管理に専門的な知識または資格が必要な場合は，製品提供者が点検等を行う者を手配できる．

- 殺菌・無菌効果を維持できる期間が製品または取扱説明書に記されている．薬品を注入し殺菌するものについては，薬品がなくなったときに警告が発せられる，または残存量が目視できる．
- 上水道程度の水圧，流量で殺菌等が行える．
- 紫外線等の取扱いに注意が必要な装置や薬品を使用する場合は，それについての警告や注意書を目立つところに表示する．
- 塩素消毒を行う装置の場合，塩素剤を注入した配管内で，塩素剤と雨水が十分混合・接触し，雨水の利用先で所定の残留塩素濃度を保持できる構造とする．また，塩素剤として，次亜塩素酸ナトリウム，次亜塩素酸カルシウム，塩素化イソシアヌル酸等を使用する．

〈出典〉1）日本建材・住宅設備産業協会：「建材・住宅設備機器における抗菌性能試験方法・表示および判定基準」

4.5 配雨装置（配管・継手，ポンプ，水栓等末端器具，制御装置等）
4.5.1 配管および継手

> 配管および継手は，日本工業規格（JIS）およびその他上下水道関連の法令・規格に則ったものとする．

雨水活用システムの配雨に使用する配管および継手は，耐久性・耐食性に優れ，配雨する雨水の水質に悪影響を及ぼさないものである．一般的には，硬質ポリ塩化ビニル管（PVC），架橋ポリエチレン管（PEX），ステンレス管，樹脂被覆鋼管等を用いる．

(1) 材質
- 耐久性・耐食性に優れ，外部内部からの耐圧性能を満たし，変形の少ないものである．
- 配雨する雨水の水質に悪影響を及ぼさない．
- 日本工業規格（JIS），その他上下水道関連の法令・規準等に則ったものである．
- 凍結や荷重，地震に対して，一定以上の強度を有している．

(2) サイズ・形状
- ポンプや水栓等末端器具との連結を考え，日本工業規格（JIS），その他上下水道関連の法令・規格等に則ったサイズ・形状である．

(3) 規格類
　樹脂製の配管材料および継手，または金属製の配管材料および継手の主な規格を表4.5.1.1および表4.5.1.2に示す．

表 4.5.1.1 樹脂製の配管材料および継手の主な規格

用途	管	規格	継手	規格
配雨	ＶＰ	JIS K 6742	ＴＳ	JIS K 6743
	ＨＩＶＰ	JIS K 6742	ＨＩＴＳ	JIS K 6743
	ＰＥＸ	JIS K 6769	ＰＥＸ	JIS K 6770
	ＨＴ	JIS K 6776	ＨＴ	JIS K 6777
排水	ＶＵ	JIS K 6741	ＶＵ	AS 38
	ＶＰ	JIS K 6741	ＤＶ	JIS K 6739

硬質ポリ塩化ビニル管（VP，VU，HIVP 管）JIS K 6741
排水用硬質ポリ塩化ビニル管継手（DV 継手）JIS K 6739
屋外排水設備用硬質ポリ塩化ビニル管継手（VU 継手）AS38（塩化ビニル管・継手協会規格）
水道用硬質ポリ塩化ビニル管（水道用 VP，HIVP 管）JIS K 6742
水道用硬質ポリ塩化ビニル管継手（TS，HITS 継手）JIS K 6743
架橋ポリエチレン管（PEX 管）JIS K 6769
架橋ポリエチレン管継手（PEX 継手）JIS K 6770
耐熱性硬質ポリ塩化ビニル管（HT 管）JIS K 6776
耐熱性硬質ポリ塩化ビニル管継手（HT 継手）JIS K 6777

表 4.5.1.2 金属製の配管材料および継手の主な規格

用途	種類	規格	種類	規格
配雨	水配管用亜鉛めっき鋼管	JIS G 3442	水道用硬質塩化ビニルライニング鋼管	JWWA K 116
	水輸送用塗覆装鋼管	JIS G 3443	水道用ポリエチレン粉体ライニング鋼管	JWWA K 132
	配管用炭素鋼鋼管	JIS G 3452	水道用ステンレス鋼管	JWWA G 115
	配管用ステンレス鋼管	JIS G 3459	水道用銅管	JWWA H 101
	ポリエチレン被覆鋼管	JIS G 3469		
排水	排水用タールエポキシ塗装鋼管	WSP 032	排水用鋳鉄管	JIS G 5525
	排水用硬質塩化ビニルライニング鋼管	WSP 042		

[注] 関連規格として，JIS，AS，JWWA，JSWAS 等の規格があり，必要に応じて参照する．

4.5.2 ポンプ

> ポンプは，雨水活用の用途に合った機能・出力を有し，耐久性・安全性に優れているものとする．また，電動ポンプにおいては，省エネルギー型や再生可能エネルギーを利用できるものが望ましい．

雨水活用システムに使用するポンプは，活用用途に応じた機能や能力を備えるとともに，耐久性や安全性に配慮が必要である．また，ポンプの運転や制御，維持管理が簡便であることも重要である．

(1) 種類・特徴

　一般戸建住宅で，雨水を利用する際の一般的な用途とポンプ選択のポイントは，表 4.5.2.1 のようにまとめることができる．集合住宅等に採用する大型のシステムについては，そのつど，必要水量や必要圧力からポンプ能力を算出する必要がある．

(2) 機能・構造

　雨水活用に使用するポンプは，以下の機能・構造を有している．
- 耐食性・耐久性に優れている．
- 防音・防振性に優れている．
- 自動または手動によって，始動・停止が容易に行える．
- 警告ランプ等で異常が発生したことがすぐに判断できる．＊
- 空転防止装置を有する．＊
- 感電防止等の安全装置を有する．＊
- 省エネルギー型や再生可能エネルギーが利用できるものである．＊
- 凍結防止機能を有している．また，凍結防止のための水抜きができる．
- ストレーナ等の異物吸込防止機能を有する，または付加できる．
- 定期または異常時の維持管理が容易にできる構造とする．また，維持管理方法等を記載した取扱説明書が付属している，またはそれらをポンプに表示している．

※上記の項目について，ポンプ自体にその機能がなくても，制御装置等他の機器で補完してもよい．
　また，手動式ポンプについては，＊印の項目は備わっていなくてもよい．

表 4.5.2.1 雨水の活用用途とポンプ選択のポイント

利用用途	タンク設置場所	ポンプ選択のポイント	ポンプ設置場所	必要水圧	当該用途に必要なポンプ能力例			
					押上高さ	吸上高さ	流量	出力（※）
打ち水 洗い物 清掃	地上設置型	・原則，ポンプは不要． ・手押ポンプで雨水を取り出すタイプもある．	—	—	—	—	—	—
	埋設型 地下設置型	・タンク等から地上まで吸い上げるポンプが必要． ・電動ポンプでなくても，井戸用の手押ポンプ程度のものでよい．	陸上	低水圧	1～3m	2～8m	0.1～1L/回	—
植栽等 への 散水	地上設置型	・じょうろ等を使用して散水するのであれば不用． ・自動散水，遠方・散水面積が広いなど水圧を要する散水方法や屋上緑化への散水の場合は，配水ポンプが必要．	陸上	水道圧程度	5～10m	0～3m	10～30L/min	100～250W
	埋設型 地下設置型	・タンク等から地上まで吸い上げるポンプが必要． ・自動散水，遠方・散水面積が広いなど水圧を要する散水方法の場合は，配水ポンプが必要． ・タンク内からの吸い上げ用と配水用は1つのポンプで対応できる．	陸上					
ビオトープ	地上設置型	・タンク等からの配水は，水頭圧利用すれば，ポンプは使用しなくても可．	—	低水圧	1～3m	0～3m	1～10L/min	50～100W
		・水を循環させるポンプが必要． ・ソーラーパネルと組み合わせた，小型直流ポンプも活用できる．	水中					
	埋設型 地下設置型	・タンク等から地上まで吸い上げ，ビオトープに配水するポンプが必要．	水中・陸上					
		・水を循環させるポンプが必要．ソーラーパネルと組み合わせた，小型直流ポンプも利用できる．	水中					
洗車	地上設置型	・バケツに雨水を入れ雑巾等で洗車するのであればポンプ不用． ・高圧洗浄機，洗車機などを使用する場合は，配水ポンプが必要．	陸上	水道圧程度	5～10m	0～1m	10～30L/min	100～250W
	埋設型 地下設置型	・タンク等から地上まで吸い上げるポンプが必要． ・高圧洗浄機，洗車機などを使用する場合は，配水ポンプが必要． ・タンク等から地上までの吸い上げ用と配水用は1つのポンプで対応できる．	水中・陸上			0～3m		
洗濯 トイレ 風呂 飲用	地上設置型	・タンク等から利用場所まで配水するポンプが必要． ・トイレなど複数個所で利用する場合，同時使用率を加味してポンプの出力を上げる．	陸上	水道圧程度	5～10m	0～1m	10～40L/min	100～400W
	埋設型 地下設置型	・タンク等から地上まで吸い上げ，利用場所まで配水するポンプが必要． ・トイレなど複数個所で利用する場合は，同時使用率を加味してポンプの出力を上げる．	水中・陸上			0～3m		

※参考出力は，1つの利用用途のみに使用したとして想定．
複数の用途で利用する場合は，同時使用率を加味し，出力を上げる必要がある．

4.5.3 制御装置等

> 制御装置は，雨水活用システムにおける，ポンプの運転，貯留雨水の水位感知，上水補給等の制御を行い，操作性・安全性に優れ，異常時には，ランプ等で異常発生の警告が行えるものとする．

制御装置とは，雨水活用システムにおいて，雨水タンクや雨水貯留槽内の水位感知，ポンプの運転，上水の補給や雨水の活用先への供給制御等を行うための"制御部品（電磁弁や水位計等）"とそれらを連携させ，システム全体の制御を行う"制御盤（制御基盤や操作盤）"を指す．

機能・構造

制御装置には，以下の機能を有している．
- 雨水活用システムの制御が安定的かつ安全に行える．
- システムの安定性を図り，安全性を確保するため，制御装置に異常が発生した際の補助制御システムを有していることが望ましい．
- 自動または手動によって，始動・停止が容易に行える．
- 制御装置の稼動状況が目視確認できる．また，制御装置にあっては，システムの稼動状況がランプ等で確認でき，システム異常時には，ランプ，ブザー等で警告が行える．
- 上水補給制御を行う場合，「給水装置の構造及び材質の基準に関する省令」（平成9年（1997年）3月19日厚生省令 第14号）に則り，逆流防止の措置，吐水口空間の確保等がなされている（吐水口空間については，表 4.5.3.1 を参照）．
- 電気を使用するものについては，感電防止等の安全装置を有している．
- 制御装置および操作盤には，防じん，防湿，誤操作防止（施錠等）の措置がなされている．また，屋外設置用のものについては，防滴または防水措置がなされているが，同装置の凍害には注意が必要である．
- 定期または異常時の交換および維持管理が容易にできる構造とする．
- 維持管理方法等，「3.14 重要事項の説明」に掲げられた事項を記載した取扱説明書が付属している，または，それらを部品または装置に表示している．

表 4.5.3.1 配管の管径と必要な吐水口空間

配管呼び径 (D)	吐水口空間 (mm以上)	備考
13	25	注1：近接壁から吐水口中心までの離れを2D以上とる．
20	40	注2：吐水口端面があふれ面に対し平行でない場合は，吐水口端の最下端からあふれ縁との垂直距離を吐水口空間とする．
25	50	注3：あふれ縁は，横取り出しのオーバーフロー管の場合はその下端とし，立て取出しの場合はその上端とする．
32	60	注4：表 4.5.3.1 に記載されていない呼び径の場合は，補間して吐水口空間を求める．ただし，ボールタップ，雨水槽を使用する場合は，次による．
40	70	(a) 25mmを超えるボールタップにおいて呼び径と有効開口が大きく異なる場合は，有効開口の内径（最小開口部）で吐水口空間および近接壁からの離れを求めることができる．ただし，吐水口空間は 50mm以上とする．
50	75	
65	90	
80	100	(b) 雨水タンク・雨水貯留槽に給水する場合には，あふれ縁から吐水口の最下端までの鉛直距離は，50mm未満であってはならない．
100	115	
125	135	(c) 水面が波立ちやすい水槽ならびに事業活動に伴い洗剤または薬品を使う水槽および容器に給水する場合，あふれ縁から吐水口の最下端までの鉛直距離は 200mm未満であってはならない．
150	150	

4．5．4　量水器等測定装置

> 量水器等測定装置は，水量を定量的に測定できるものとし，値の信頼性が確保されるものとする．

量水器等測定装置とは，水量を定量的に測定する装置であり，水位計や量水器等を指す．同装置は，雨水活用システムの運用状況を適切に評価するために，測定値の信頼性が確保されるものとする．また，維持管理が容易にできるものであることが望ましい．

なお，量水器の設置については，「水道メーターの設置に関するマニュアル」（（一社）日本計量機器工業連合会，水道メーター技術委員会）に準じることとし，詳細は同マニュアルを参照されたい．

　機能・構造
・耐久性・耐食性に優れている．
・メーター表示部の確保等，水量が容易に確認できることが望ましい．
・故障時に，利用者が容易に修理，交換できることが望ましい．
・凍結の影響を受けない．

4．5．5　水栓等末端器具

> 水栓等末端器具は，上水用製品の耐久性・耐食性に準じたものとする．上水と区別するため，水栓の形状や色が一般水栓と異なる，または雨水用水栓であることを文字や図で表示する．

雨水用の水栓や末端器具は，現時点では市場にはないが，適正な整雨レベルで利用する限り，高度な耐食性，耐久性等を有しなくてもよい．ただし，雨水を利用することで，耐久性や耐食性に悪影響を及ぼす可能性もあるため，構造・素材に関して考慮しておく必要がある．

上水との誤使用防止のため，色や形状が一般の水栓と異なる，または文字や図で，雨水活用水栓であることが表示できる必要がある．

(1) 材質
・一般的な水栓等末端器具の仕様に準じた，強度や耐久性を有する．
・利用する雨水の水質に，悪影響を与えない．

(2) 機能・構造
・腐食，汚れ，目詰まりについて，雨水を使用することを考慮した対策が講じてある．
・上水道との誤使用防止のため，上水用水栓と容易に区別できる形状である，または文字や図等によって表示ができる．
・上水との区別のため，雨水活用水栓は，青緑色（マンセル値 1.5BG6/10）であることが望ましい．

4.5.6 便器

> 便器は，上水用または再生水仕様製品の規格（仕様）に準じたものとする．
> 温水洗浄便座や手洗い付のものは，それらへの給水と流し水の給水が別配管で行えるものとする．

　雨水用の便器は，現時点では市場にはないが，適正な整雨レベルで利用する限り，特別な耐食性，耐久性等を有しなくてもよい．
　ただし，雨水を利用することで，耐久性や耐食性に悪影響を及ぼす可能性もあるため，構造や素材に関して考慮しておく必要がある．
　トラブル発生を防止するための定期的な維持管理が容易に行える構造とする．
　便器の流し水以外は上水を使用するため，温水洗浄便座や手洗い付の便器は，それらへの給水と流し水の給水が別配管で行えるものである．

(1) 材質
　　一般的な便器の仕様に準じた，強度や耐久性を有する．
(2) 機能・構造
　　・利用者が，容易に維持管理が行える構造とする．
　　・維持管理方法や異常発生時の連絡先（システム提供者または施工業者）を便器に表示，またはそれらを記載した取扱説明書が付属している．
　　・故障時に，利用者が簡単に部品を入手，交換できることが望ましい．
　　・雨水を活用している便器であることが文字または図等で表示できることが望ましい．

4.6 一時貯留・浸透・蒸発散施設
4.6.1 一時貯留施設

> 流出抑制用の一時貯留施設には，砕石，コンクリート，樹脂製等を使用したものがあり，その設置場所等の使用条件に適した材質を選定する．

　流出抑制用の一時貯留施設は，降った雨水を地表面あるいは地下に貯留させる施設であり，流出抑制機能が継続でき，適切な維持管理が可能な場所に設置する必要がある．また，降雨終了後設定した時間までに貯留した雨水を排出できる構造とする．その他詳細は，「増補改訂 流域貯留施設等技術指針（案）」を参照されたい．

（1）地表面貯留
　　地表面貯留には，校庭，公園，駐車場や集合住宅の棟と棟の間の中庭等を利用したものがある．現状，地表面貯留に関する専用の製品はなく，一般的な土木資材を用いる．
　・校庭，公園，駐車場等，本来の土地利用目的を損なわないように配慮し，設定した貯留水深（貯留量）や降雨後の排水完了時間を満たす構造とする．
　・駐車場での一時貯留の場合，自動車のブレーキ系統が濡れないなど，雨水を貯留することによって自動車の走行に支障が生じない，また，使用者が降雨時にも利用することを配慮して，貯留水深（貯留量）を設定する．
　・集合住宅の棟間を貯留施設として利用する場合は，緊急車の導入，建築物の保護，幼児に対する安全対策，維持管理等を総合的に配慮して貯留水深（貯留量）を設定する．

（2）地下貯留
　　地下貯留施設には，地下空間貯留施設と地下空げき貯留施設に分けられる（図 4.6.1.1）．
　　地下空間貯留施設は，場所打ちコンクリートやプレキャストコンクリート等を用い，地下に空間をつくり，そこに雨水を貯留する施設である（図 4.6.1.2）．公園や建物等の地下に設置する比較的大規模な貯留施設が多い．
　　地下空げき貯留施設は，砕石，プラスチック等の樹脂製や鋼製の貯留構造体を用い，地下に空げき（隙間）をつくり，そこに雨水を貯留する施設である（図 4.6.1.3）．地下空げき貯留施設の底面および側面を透水性の構造とし，一時貯留と浸透機能を併せ持たせることもできる．また，他の貯留施設と比べて安価で，施設規模や形状において融通性が高いため，校庭貯留において，地表上貯留との併用等の実績を持っている．
　　地下空間などを一時貯留施設として利用する場合は，地上において適地が得られない，または地表に雨水を貯留することで支障が生じる場合，土地の有効利用の観点からその導入について検討し，貯留量を設定する．また，上部の建築物や空間の利用方法に支障のない耐荷重性，耐久性を維持できる素材・構造とする．

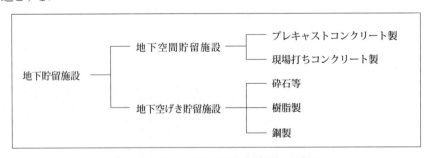

図 4.6.1.1 地下貯留施設の分類[1]

〈出典〉1）雨水貯留浸透技術協会：増補改訂 流域貯留施設等技術指針（案）

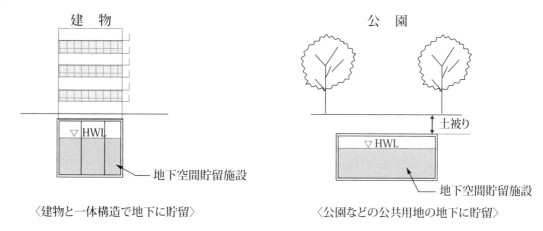

図 4.6.1.2 地下空間貯留施設の例[1]

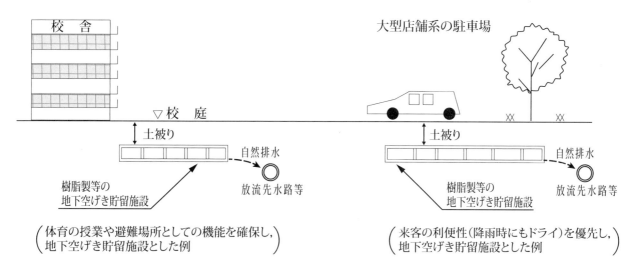

図 4.6.1.3 地下空げき貯留施設の例[1]

〈出典〉1) 雨水貯留浸透技術協会：増補改訂 流域貯留施設等技術指針（案）

4.6.2 浸透施設

> 雨水活用システムに使用する浸透施設には，浸透ます，浸透トレンチ，浸透槽および透水性舗装等があり，その設置場所等の使用条件に適した材質や構造とする．

浸透施設は，雨水を地下に浸透させる施設であり，地下に埋設するものが多く，外力（土圧等）に対する耐久性についての考慮が必要である．また，長期間浸透能力を維持するための構造や維持管理方法の簡便さが必要となる．

浸透施設とは，表 4.6.2.1 および図 4.6.2.1 で示すように，一般的に，コンクリートや樹脂製の装置（製品）と砂・砕石等の充填材や透水シート等の附帯物を組み合わせたものを指す．浸透施設に用いる装置の材質，タイプおよび特徴等を表 4.6.2.2 に示す．

(1) 材質
  ・耐久性・耐食性が高く，浸透させる雨水や周辺環境に悪影響を及ぼさない素材である．
(2) 機能・構造
  ・浸透能力が低下しにくい構造とする．
  ・外力（土圧等）に対して十分な強度を有した構造とする．
  ・施設内の清掃等，適切な維持管理が容易にできることが望ましい．
  ・底面から浸透させる場合，沈殿物等で目詰まりを起こし浸透能力を低下させないため，雨水の微細な混入物を除去できる，また，沈殿したものを容易に除去できる構造が望ましい．
  ・埋設型の施設は，土砂の流入を防ぐため，装置または施設の側面や底面を透水シートで覆うことが望ましい．
  ・狭い場所への設置もあるため，それに対応できる構造や施工性能を有することが望ましい．

※浸透施設の構造等の詳細は，「増補改訂 雨水浸透施設技術指針（案）調査・計画編」，「増補改訂 雨水浸透施設技術指針（案）構造・施工・維持管理編」を参照されたい．

表 4.6.2.1 浸透施設の装置，附帯物および構造等

施設名	装置	附帯物	構造等
浸透ます	透水ます	充填材，透水シートほか	通水孔や通水間げきを有する透水ますの周囲と下部に砕石等を充填し，透水ますの側面や底面から浸透させる．
浸透トレンチ	透水管	充填材，透水シートほか	浸透ます等を連結した有孔管等の周囲に砕石等を充填し，雨水を導きながら，有孔管の周囲から浸透させる．
浸透側溝	透水側溝	充填材，透水シートほか	側面や底面に通水孔，または通水間げき（ポーラス等）を有する側溝の側面と下部を砕石等で充填し，側溝の側面や底面から浸透させる．
浸透槽	貯留構造体	充填材，透水シートほか	側面と下部を砕石等で充填した槽の底面または側面から浸透させる．
透水性舗装	透水性舗装材	路盤，フィルター層ほか	透水性の舗装体やコンクリート平板・インターロッキングブロックの目地および樹脂性平板等を通して浸透させる．

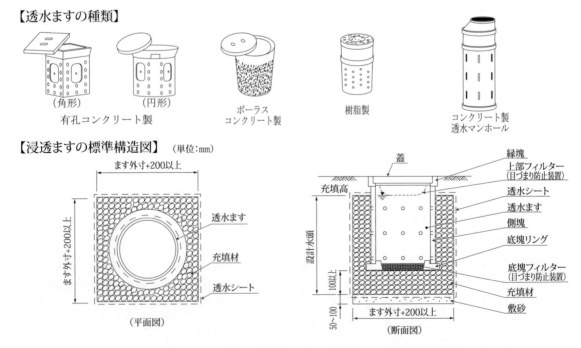

図 4.6.2.1 浸透施設（浸透ます）に使用する装置と附帯物の例[1]

〈出典〉1) 雨水貯留浸透技術協会：増補改訂 雨水浸透施設技術指針［案］構造・施工・維持管理編

表 4.6.2.2 浸透装置の特徴

種類	材質・タイプ		記号	特徴
浸透ます	コンクリート製	有孔	IM1	孔の大きさや数により目詰まりによる機能低下を防ぎ，長期にわたり一定の浸透能力を確保できる． 繊維コンクリート等，強度を保ちつつ重量を通常の1/3に抑えたものもある． 中規模($\phi400$程度)の製品から大規模($\phi1000$)の範囲の製品が多い．
		ポーラス	IM2	ます全体に空げきがあり安定した浸透効果を発揮する． 有孔コンクリート製に比べて軽量で施工性に優れる． 中規模($\phi400$程度)の製品が多く，有孔コンクリート製に比べて若干割高となる．
	樹脂製	有孔	IM3	コンクリート製に比べて軽量で施工性に優れる． 多孔で目詰まりしにくく，長期にわたり一定の浸透能力が確保できる． プラスチック製とはいえ強度が高く，容易に壊れたりすることはない． 径が$\phi200$程度の小さな製品があり，狭いスペースにも設置が可能となる． 小規模($\phi200$程度)から中規模($\phi400$程度)の製品が多い．
浸透トレンチ	コンクリート製	有孔	IT1	孔の大きさや数により目詰まりによる機能低下を防ぎ，長期にわたり一定の浸透能力が確保できる． 径が数mのものまである．単位あたりの延長が2mと比較的長い．
		ポーラス	IT2	トレンチ全体に空げきがあり安定した浸透効果を発揮する． 有孔コンクリート製に比べて軽量で施工性に優れる． また，径も$\phi150$からあり，単位あたりの延長も1m程度と短く狭い敷地にも対応できる．
		スリット	IT3	雨水の貯留量が大きいため流出抑制効果が通常のものより期待できる． 単位あたり延長が2mと比較的大きく，狭い場所では採用できない． 上部に開口部があり維持管理ができる．
	樹脂製	有孔	IT4	コンクリート製に比べて軽量で施工性に優れる． 多孔で目詰まりしにくく，長期にわたり一定の浸透能力が確保できる．
浸透側溝	コンクリート製	有孔	ID1	有孔，ポーラスのタイプがある．
		ポーラス	ID2	維持管理が容易である．
浸透槽	組立て式（コンクリート製の現場築造タイプ含）	樹脂製	IS1	大きさ，重量等，人が容易に扱える部材で，施工が簡単である． 十分な土被りを取ることにより上部を駐車場等に利用できる． コンパクトに積み重ねができるため，運搬に大型車を使用する必要がなく，狭い場所でも施工ができる． 工場で組み立てたものを設置するタイプもある．
		コンクリート	IS2	強度があり上部を駐車場等に利用できる． 維持管理の空間がとれる．
透水性舗装等	コンクリート製	透水性コンクリート	IP2	表層材はアスファルトコンクリート，セメントコンクリートおよび平板，ブロック等が用いられる． リサイクル材を使用した，環境に配慮したものもある． タイル状の製品では，組合せによって自由にデザインすることができる．
	樹脂製	上乗せタイプ	IP2	芝生の上に敷き並べるもので，車の踏圧から芝生を保護し，上部を駐車場として利用することができる． ジョイント式で施工が簡単である．

4.6.3 蒸発散施設

> 蒸発散施設には，コンクリートや再生骨材を使用した製品（システム）のほか，保水性舗装などがあるが，その設置場所等の使用条件に適した材質や構造の製品とする．

　蒸発散施設は，降った雨水を一時的に保水，または地下の製品（システム）に貯留し，降雨終了後，雨水が気体となって大気に還ることを促進させる施設である．コンクリートや再生骨材を使用した製品（システム）のほか，保水材と開粒度アスファルト混合物等により生成された保水性舗装がある．保水性舗装は，材質に応じてアスファルト舗装系，コンクリート舗装系，ブロック舗装系に大別される．
　なお，ここでいう蒸発散施設には，元来より蒸発散機能を有する自然地は含まないものとする．

（1）材質
　　耐久性・耐食性が高く，蒸発散させる雨水や周辺環境に悪影響を及ぼさない素材である．
（2）機能・構造
　　・外力（車両の動荷重等）に対して十分な強度を有している．
　　・保水，貯留および蒸発散能力が低下しにくい構造とする．
　　・適切な維持管理が容易にできることが望ましい．

　※詳細は，「保水性舗装技術資料」（路面温度上昇抑制舗装研究会）等を参照されたい．

4．7　試験，検査および添付図書
4．7．1　製品の試験および検査

> 製品を提供する事業者は，製品の寸法，強度，機能等に関する試験および検査を行い，その結果を記録し，顧客の要求に応じ，その記録が提出できるようにする．

　製品を供給する事業者は，それぞれの製品の規格に基づき，製品の寸法，強度，機能等に関して試験および検査を行い，その結果を記録し，製品の購入者や施工者から要求があった場合，提出できるようにしておく．
　下記の装置については，以下のような内容の試験および検査を行い，記録しておくことが望ましい．
　　・取水装置および取水フィルター：取水率，ゴミ・初期雨水排除能力
　　・雨水タンクおよび雨水貯留槽：漏水，強度（内圧・外圧），遮光性

4．7．2　製品仕様書

> 製品を提供する事業者は，製品の規格，機能・能力等を記載した製品仕様書を作成する．

　製品の寸法，概要図，材質，機能・能力等を記載した製品仕様書を作成し，製品の購入者やシステムの設計者，施工者等から要求があった場合，提出できるようにしておく．

4．7．3　取扱説明書

> 製品を提供する事業者は，施工方法，注意事項，維持管理方法等を記載した取扱説明書を製品に添付する．

　「3.14 重要事項の説明」の指定事項に加え，施工方法，施工時の禁止事項・推奨事項等といった施工者向けの説明等を記載した取扱説明書を製品に添付する．添付できない商品については，カタログに記載する．または，ホームページ等から入手できるようにしておく．

5章 施　工

5.1　一般事項
5.1.1　目　的

> 施工ガイドラインでは，集雨，保雨，整雨，配雨および浸透等にかかわる雨水活用システムの工事，試験・検査に関する事項を定める．

　本章では，集雨，保雨，整雨，配雨および浸透等にかかわる雨水活用システムの工事，試験・検査に関する留意事項をまとめる．

5.1.2　施工仕様

> 雨水活用システムの施工は，該当する関連法規，条例，規格，基・規準，指針および本ガイドラインに基づいて行う．

　雨水活用システムの施工については，該当する法令を遵守し，本ガイドラインおよび雨水活用に関する基・規準，指針等に従って行う．

5.1.3　材　料

> 雨水活用システムの施工にあたり，集雨，保雨，整雨，配雨および浸透等の各施設に適した製品，機器，材料を使用する．

　雨水活用システムの施工に使用する製品，機器，材料は，該当する法令，規格，基・規準および本ガイドラインに基づき，集雨，保雨，整雨，配雨，浸透等の各施設に適したものを選択する．

5.2 集雨装置の施工
5.2.1 集雨面（屋根等）

> 建物の屋根・屋上・壁からの集雨では，集雨や維持管理のしやすさ，豪雨時の対策等に配慮する．雨水とともに落ち葉やゴミ等の混入のおそれがあるため，それらの流入を阻止する手段を講じる．集雨用の配管は雨水専用とし，適切な材質，機能を持った管材を選定する．

建物の屋根等を集雨面として利用する場合の集雨装置の施工は，以下の点に配慮して行う．

(1) 集雨面（屋根等）
- 集雨面は，ルーフドレンまたは軒といに向かって，適切なこう配をとる．
- 集雨面は，清掃がしやすい形状，構造とする．
- 豪雨時やゴミ等によるルーフドレンの閉塞を考慮し，オーバーフローをとる，またはオーバーフロー配管を設けることが望ましい．
- 屋上に冷却塔が設置されている場合は，そのブロー水に水処理剤が混入しているため，集雨系統に流入させない．
- 屋上緑化では，農薬・肥料・土等の混入がないようにブロック化して，集雨区域としないことが望ましい．

(2) ルーフドレン
- ルーフドレンは，同一屋根面に少なくとも2個以上設置し，詰まった場合の対策としてそれぞれ単独で配管する．
- ルーフドレンは，それが設置される屋上等の防水工法に適し，防水層との取合いが容易で雨仕舞いが確実なものを使用する．
- ストレーナの形状と有効開口面積に留意し，ストレーナの有効開口面積は，JIS A 5522に準じ，流出側に接続する排水管断面積の1.5倍以上とする．
- 落ち葉等の多い場所でのルーフドレンの種類は，ドーム型が望ましい．

(3) とい（樋）
- 軒といは，適切なこう配をとり，竪といには点検口や掃除口を設置することが望ましい．
- とい（樋）は，耐食性のある支持材を用いて，壁等に堅固に固定する．

(4) 集雨配管設備
- 集雨のための屋内配管は，専用配管とし，他の排水配管と接続しない．
- 集雨面積に適合した管径の配管とし，横管には適切なこう配をとる．
- 管材は，硬質ポリ塩化ビニル管，配管用炭素鋼鋼管，排水用硬質塩化ビニルライニング鋼管等があるが，経済性，耐食性，伸縮性，防火区画貫通の制約等を留意して選択する．
- 配管施工は，建築基準法施行令第129条や昭和50年建設省告示第1597号，空気調和・衛生設備工事標準仕様書（SHASE-S010），給排水衛生設備規準・同解説（SHASE-S206）等に準拠する．
- 特に樹脂管は，周囲の温度変化による管の伸縮が大きいため，伸縮継手等を用いて伸縮量を吸収できる構造とする．
- 集雨系統で雨水貯留槽が満水位の場合，雨水を流入させずに直接排水できるよう，自動弁等を用いて配管切替えを行ったり，雨水貯留槽に排出ポンプを設置して流入雨水を排除する．
- 弁類は，雨水中のゴミや土砂等のかみ込みによる作動不良が生じにくいものを選定する．
- バタフライ弁を使用する場合には，ゴミがたい積しないよう竪管部分に設置し，弁の前に60メッシュ程度のフィルターを設けることが望ましい．

- 電動弁を設置する場合には，土砂や異物等のかみ込みに留意し，故障等に備えて手動弁も併せて設置することが望ましい．
- サイホン雨水排水システムを採用する場合には，特殊なドレンを使用する，従来の排水システムより小口径な配管を用いて満流状態で排水する，配管を壁体内や天井裏等に設置する場合に騒音への配慮が必要等，特殊性があるので，本会「AIJES-B0003-2016 機械・サイホン排水システム設計ガイドライン」等に基づくものとする．

5.2.2 集雨面（地表面）

> 地表面からの集雨は，雨水とともに土砂，落ち葉，ゴミ等の混入のおそれがあるため，それらの流入を阻止する手段を講じる．

地表面を集雨面として利用する場合の集雨装置等の施工は，以下の点に配慮して行う．

（1）取水ます
- 取水ますには，流入した土砂を沈殿させるための泥だめを設ける．
- ゴミが流入するおそれのある場合，スクリーンを設置するか，スクリーン内蔵型のますを使用することが望ましい．
- ますの大きさは，沈殿した土砂の除去や清掃のため，設置深さを考慮して決定する．

（2）屋外配管
- 地表面で集雨した雨水を貯留槽等へ導く屋外管路は，ゴミや想定外の場所からの雨水の流入を防ぐため，暗渠や管渠が望ましい．U字溝等の開渠とする場合は，ゴミなどが入らないようにコンクリート製等のふたを設置する．
- 集雨にU字溝等の開渠を用いる場合は，グレーチング等を設置し，落ち葉やゴミ等が開渠内に流入することを防止する措置をとるとともに，そこで阻止できず流入したゴミや土砂等を除去するため，取水ますにスクリーンや泥だめ等を設置する．
- 使用する管種は，耐荷重等設置場所の条件にあったものを選択する．施工性や水密性から硬質ポリ塩化ビニル管の使用が多いが，自動車等の重荷重がかかる場合には，金属管または鉄筋コンクリート管を使用し，埋設深度に留意する．
- 屋外配管の施工は，一般の屋外排水管の施工要領に準じて行う．

5.2.3 取水装置

> 取水装置は，製品の取扱説明書に従い，堅といの適切な箇所に設置する．雨水活用の用途によっては，初期雨水排除機能を持つ装置を使用する．

取水装置の設置にあたっては，以下の点に配慮して行う．
- 取水装置は，取扱説明書に従い該当箇所に適切に設置する．
- 堅といに取り付けるものにあっては，堅といに堅固に設置する．
- 落ち葉やゴミ等の清掃ができるよう，装置の周りに維持管理用のスペースを確保する．
- 集雨面が汚染されやすい場合，雨水活用用途により降雨初期の汚濁度の高い初期雨水の排除装置を設置することが望ましい．
- 初期雨水排除装置の設置は，初期雨水排除による集雨量の減少や装置の維持管理等も考慮して決める．
- 初期雨水の排除には，雨水タンクや雨水貯留槽へ雨水を流入させる前に，初期雨水排除型の取水装置の設置のほか，小型の前処理用雨水タンクを設けたり，雨量計を用いて配管系統の切替えを自動的に行う等の方法がある（図5.2.3.1）．中規模以上の施設では，「図4.2.5.1 取水装置の例」に示すような電気式初期雨水排除型の取水装置が便利である．
- 初期雨水排除装置を設置する場合には，稼働後に初期雨水の排除時間や排除量を調整することがあるので，作業のしやすさに配慮する．

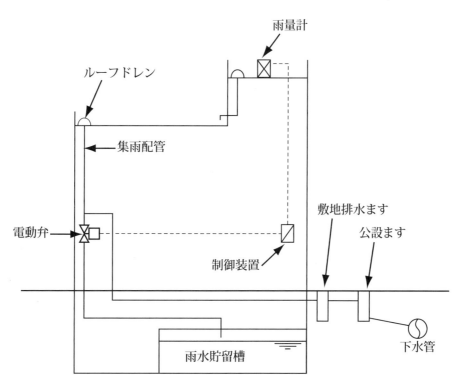

雨量計等の信号を受け，電動弁を閉じ一定量の初期雨水を排除した後，電動弁を開き雨水を貯留するシステム．

図 5.2.3.1 初期雨水排除のシステム例

5.3 保雨施設（雨水タンクおよび雨水貯留槽）の施工

> 集雨量や利用量に見合った容量の貯留施設を設ける．水質劣化や貯留機能を損なわない材質，構造とする．地下埋設の雨水貯留槽は，地下水位が高い場合に浮上防止対策を講じる．

保雨施設は，貯留と沈殿効果による整雨機能を兼ねており，外部からゴミ，ほこり，排水が流入しない構造，施工とする．

（1）雨水タンク
- 市販の雨水タンクを屋外や屋内に設置あるいは地下に埋設する場合には，取扱説明書または施工説明書に従い設置する．
- 屋外に樹脂製の水槽を設置する場合，太陽光の透過による発も（藻）を生じない材質・構造とする．
- 据置型の雨水タンクは，転倒防止対策や耐震対策および強風対策を行う．
- 樹脂製の雨水タンクを地下に埋設する場合には，地下水による浮上防止対策を行う．

（2）雨水貯留槽
- 水槽内部には，防水，腐食対策を行うとともに，有害物質の浸出等雨水の水質劣化を起こさない材質，構造とする．
- 地下水槽には，清掃時のため槽内に可搬式水中ポンプ設置用のピットを設けることが望ましい．
- 雨水貯留槽の底部には，ポンプピットに向かって 1/15 〜 1/10 のこう配を設けることが望ましい．
- 地下水槽等の容量の大きい雨水貯留槽には，槽内の点検が容易に行える位置に，直径 60cm 以上の円が内接する大きさのマンホールを設置する．
- 水槽内の貯留量がわかるように，水位計等を設けることが望ましい．
- 据置型の雨水貯留槽については，必要に応じて転倒防止対策や耐震対策を行う．
- 雨水貯留槽の通気管は，排水竪管および通気竪管と兼用せずに単独で設置する．
- 地中梁空間を雨水貯留槽に使用する場合は，隣接する水槽からの汚染がないように，隣接する水槽は排水槽等とはしない．
- 雨水貯留槽内部には，水槽の機能に無関係な配管を貫通させてはならない．また，水槽上部にも，機械室以外の水を使用するような部屋を設けてはならない．

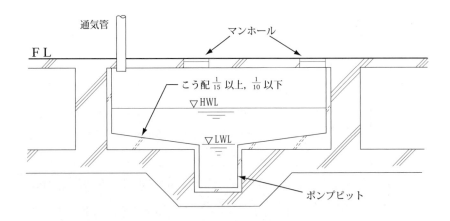

図 5.3.1 雨水貯留槽の構造例

(3) 連通管の位置と形状
　・複数の水槽を雨水貯留槽として使用する場合は，連通管および通気管を設ける．
　・連通管は，最初の水槽と最終の水槽の水位差があまり生じないよう，管径を決定する．
　・連通管は，水槽内に死水域ができないよう対角線上に設けることが望ましい．

(4) 防虫・ゴミ流入防止・蒸発防止の対策
　・雨水貯留槽には，ゴミの流入防止，防虫対策，蒸発防止のため，密閉ふたを設置する．
　・雨水貯留槽に通気口等の開口部を設ける場合には，防虫対策としてステンレス製または樹脂製のネット（防虫網）を設置する．
　・オーバーフロー管のます等の開口部には，防虫対策として逆流防止弁（フラップ弁）等を設置することが望ましい．

(5) 下水の逆流防止
　・豪雨時等で下水道管からオーバーフロー管を経て地下雨水貯留槽への下水の逆流を防止するため，図 5.3.2 に示すような逆流防止弁を屋外ますや排水管の途中に設置することが望ましい．この逆流防止弁は，下水管の水位が敷地内排水施設の水位より高くなった場合にのみふたが閉まり，豪雨時に発生する下水からの雨水の逆流を軽減するためのものである．敷地内用として合成樹脂製等で排水管の中に取り付ける製品や，ます内に取り付ける製品等がある．

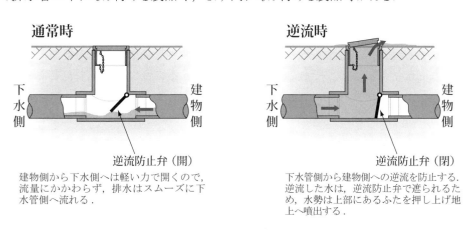

図 5.3.2 逆流防止弁の構造例

5.4 整雨装置（沈殿・ろ過）・制菌装置の施工

> 整雨装置・制菌装置は，それぞれの機能が十分に果たせ，維持管理ができるように設置する．

　対象となる整雨装置には，沈殿，ろ過の機能が，制菌装置には，除菌，消毒，殺菌の機能がある．それぞれの機能が十分に発揮されるように，維持管理スペースの確保，腐食対策等を考慮して設置する．

(1) 整雨装置
　・沈殿装置は，流入水による沈殿物のかくはん（攪拌）や浮上を生じさせないような形状や深さとする．
　・沈殿装置の泥だまり等，沈殿物を貯留する場所を確保する．
　・沈殿装置内にたまった沈殿物を容易に清掃・除去できる構造とする．
　・ろ過装置は，砂，アンスラサイト，セラミック，繊維，活性炭等のろ材を用いて整雨を行う．
　・必要に応じて，ろ材の目詰まりを防止するための洗浄装置を設ける．

- ろ過装置は，取扱説明書に従い設置し，転倒防止に留意する．
(2) 制菌装置
- 用途に応じて制菌装置を設置する．制菌装置は，整雨の最終段階で雨水を衛生学的に安全な水質にするとともに，配管や水槽内でのスライム発生を抑制するために設置する．
- 塩素消毒を行う制菌装置の場合，薬液注入ポンプおよび薬液タンクは，直射日光が当たらない場所に設置する．据付場所には，装置の運転，薬液の補充，メンテナンスを考慮して，周囲に十分なスペースを確保する．
- 逆浸透膜，オゾン，紫外線等による除菌・殺菌を行う場合には，確実な効果が得られるよう各装置の仕様に基づいて設置する．また，維持管理がしやすいように装置を設置するとともに，転倒防止にも留意する．

5.5 配雨設備（配管・継手，ポンプ，制御装置等）の施工

> 配雨設備は，誤接合や上水系統への逆流の防止，水栓等の目詰まり防止に留意する．配雨箇所には，誤飲防止や雨水使用等注意を促す表示を行う．必要に応じて雨水の利用量を計量する．

配雨設備の施工にあたっては，以下の点に配慮して行う．

(1) 配雨用配管
- コンクリート埋設部等腐食するおそれのある部分に配管する場合は，材質に応じた有効な腐食対策を行う．
- 建築物の床面や壁面を貫通して配管する場合は，当該貫通部分にスリーブを設ける等，管の損傷防止のために有効な措置を講じる．
- 管の伸縮その他の変形により，当該管に損傷が生じるおそれがある場合には，伸縮継手または可とう継手を設ける等損傷防止のために有効な措置を講じる．
- 管を支持し，または固定する場合においては，吊金物または防振ゴムを用いる等，地震，その他の振動および衝撃の緩和のための措置を講じる．

(2) 誤接合防止
- 配雨用配管設備は，他の配管設備と兼用しない．
- 配雨用配管設備は，外観上から他の配管設備と容易に判別できる標識，色彩（「青緑色」を用いる），形状とする．
- 水洗便器に雨水を給水する場合，温水洗浄便座ならびに手洗い付ロータンクには，雨水を使用せず上水を供給する．
- 誤接合していないことを試験・検査で必ず確認する．

(3) 上水配管への逆流防止
- 上水系配管へ雨水が逆流しないように，吐水口空間を確保する．
- 吐水口空間の数値は，表4.5.3.1を参照．
- 地下式の雨水貯留槽へ上水を補給する方式として，補給水槽（副受水槽）を設けることが望ましいが，直接雨水貯留槽へ供給する方式もある．この場合には図5.5.1に示すように，雨水貯留槽のオーバーフロー管のつまりや雨水貯留槽からの逆流を考慮して，補給水管の吐水口を雨水貯留槽内の満水面ではなく，水槽のあふれ縁より上部から十分な吐水口空間を確保して設置する．吐水口空間が取れない場合には，減圧式逆流防止器を設置するが，所轄官庁と事前に協議する必要がある．

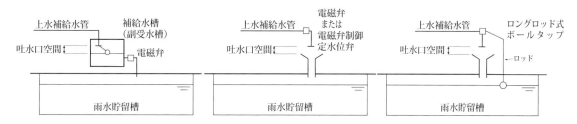

図 5.5.1 雨水貯留槽への上水補給例

(4) 誤飲防止と表示
- 洗面器，手洗い器，散水栓等は，誤飲や誤用のおそれがないように，機器を選択する．
- 雨水の利用機器は，その近くに雨水を利用していることを表示する．

(5) 給水栓等の目詰まり防止
- 水洗便器等の雨水の利用機器では，目の細かいストレーナ等が設置されている場合に，雨水中の微細粒子によるつまりが生じることがあるので，実用上問題にならないストレーナ等を設置する．
- 給水金具は，一般的に上水用に使用されている金具を使用できるが，耐食性能を上げた再生水仕様のものを使用することが望ましい．

(6) 雨水の利用量の計量
- 利用した雨水量の下水道料金を支払う必要がある場合は，検定付の量水器を設置して計量する．
- 建物の管理用として計量する必要がある場合は，通常の量水器で計量する．
- 雨水を散水等に使用して下水道に流入させない場合には，この水量を計量して下水道料金の対象から外すことができる．

(7) ポンプ
- 雨水を利用するためのポンプは，水中ポンプまたは陸上ポンプを使用する．
- ポンプは耐食性のあるものを使用し，本体，接液部が雨水の水質に影響を及ぼさないものを使用する．
- 陸上ポンプは，自吸式でないものを用いる場合には，呼水装置を設置する．
- 水中ポンプは，ポンプの維持管理のため，着脱式が望ましい．
- 沈殿槽や雨水貯留槽の清掃のため，仮設の水中ポンプの設置スペースを考慮しておくことが望ましい．

(8) 制御装置等
- 雨水移送ポンプ，ろ過装置，上水補給，雨水揚水ポンプ等設備が複数に絡んでいる場合には，雨水タンク，雨水貯留槽，ろ過装置，揚水ポンプ，上水補給装置等の制御に関して水槽の水位設定制御配線の取合い，制御方法に落ち度がないよう，設計および各担当技術者間で綿密に連絡・確認をとって施工を行う．

5.6　一時貯留・浸透・蒸発散施設の施工
5.6.1　一時貯留施設

> 一時貯留施設は，雨水流出抑制の効果を満たすため，貯留機能を損なわないように施工する．施設の設置にあたっては，所轄官庁の技術指針等に従い設置する．

流出抑制用に設ける一時貯留施設は，以下の点に配慮して施工する．

(1) 一時貯留施設
- 貯留施設の仕上げにあたっては，止水と排水に留意する．
- 貯留施設は，地盤に応じた安全策を講じるほか，構造的にも安全であるよう管理する．
- 貯留施設の底面は，降雨後の排水性能を高めるため，各種地表面に応じた底面処理を施す．
- 地下貯留槽を設ける場合は，排水用にポンプが必要となる場合が多く，計画以上の大雨に備え余水吐等を設ける．
- 貯留施設内の土砂が，排水設備内に浸入しない構造とする．

(2) オリフィス
- 必要貯留量の確保のほか，オーバーフローや所定のピークカットを行うため，オリフィスの設置位置等が設計とおりであることを確認する．施設を最大限機能させ，雨水流出抑制の効果を上げるために，貯留部の底部には適切なこう配を設ける．
- 屋上ルーフドレン周りに設置するオリフィスは，ルーフドレンに流入する集雨面積に応じた形状，大きさとする．
- 貯留槽等からオリフィスを介して排水管に放流する場合，オリフィスからの流出量が下流の排水管の最大排水流量以下となるようなオリフィスの形状，大きさとする．

(3) その他
- 貯留施設では，所定の流出抑制機能が確保されるよう放流孔および放流先水路との取付けが，設計書・仕様書に示された規格・形状で施工する必要がある．
- ポンプ排水の場合，ポンプの揚水量は，下流の排水管の最大排水流量以下とする．排水管には公共下水道からの逆流防止処置等を行うことが望ましい．
- 排水管には，必要な箇所にトラップますを設置する．
- 都市域における工事に対しては，通常適用される法規に基づき必要な安全管理および環境保全対策を講じるものとする．特に，学校・公園の場合は，児童・生徒の安全確保に努めるものとする．

5.6.2 浸透施設

> 浸透施設は，所轄官庁の技術指針等に従い設置する．浸透施設の施工にあたり，自然の地山をできるだけ保護し，掘削，埋戻し，転圧時には，浸透能力を損なわないよう留意する．

浸透施設の施工にあたっては，以下の点に配慮して行い，できるだけ自然環境を損なわないよう留意する．なお，詳細は，「増補改訂 雨水浸透施設技術指針（案）構造・施工・維持管理編」（（公社）雨水貯留浸透技術協会発行）を参照されたい．

(1) 事前調査・計画
- 浸透施設の設置については，敷地面積等により所轄官庁と事前協議が必要となる場合があるので留意する．
- 自治体等で浸透施設の設置基準を定めている場合には，その基準に従って設置する．それ以外の場合には，「雨水浸透施設技術指針（案）」や「下水道雨水浸透施設技術マニュアル」（（公財）日本下水道新技術機構発行）等の技術指針に準拠する．

(2) 浸透ます，浸透トレンチ，浸透側溝，浸透槽
- 主な施工手順は，下記のとおりである．
  掘削工→敷砂工→透水シート工（底面，側面）→（砕石を使用する場合）充填砕石工（基礎部）→ます，透水管，側溝，樹脂製品の据付工→（砕石を使用する場合）充填砕石工（側部，上部），透水シート工（上面）→埋戻し工→残土処分工→清掃，片付け→浸透能力の確認
- 掘削は，人力または掘削機械により行うものとし，崩壊性の地山の場合，必要に応じて土留め工を施す．
- 掘削完了後，浸透面となる掘削底面には保護のため，ただちに砂を敷く．ただし，地山が砂礫や砂の場合は省略してもよい．
- 透水シートに求められる機能は，施設の浸透機能の確保，土砂流入の防止，施工性の良さである．敷設方法は，地山と浸透面の接する箇所全面に敷設することを基本とする．
- 充填材の投入は，人力または機械によるものとするが，投入時に透水シートを引き込まないように注意する．
- 据付工の手順については，製品ごとに異なるため，各製品の特長を十分に理解したうえで，組立ておよび据付けを行う．
- 工事完了後，残材の片付けや清掃を行い，浸透施設にこれらが入ることのないようにする．

(3) 透水性舗装
- 主な施工手順は，下記のとおりである．
  路床工→敷砂工→路盤工→表層工→清掃，片付け→透水能力の確認
- 掘削の際は，路床土を極力乱さないように注意する．
- 転圧は，一般にコンパクタまたは小型ローラによって行うが，路床土の特性を十分に把握し，こね返しや過転圧にならないように注意する．
- 表層工は，表層材の種類によって異なるため，各工法の特長を十分に理解したうえで，施工する．
- 工事完了後，透水性舗装の透水能力を損なわないようにするため，表面の清掃と残材の片付けを行う．

(4) その他
- 浸透施設を排水施設に接続する場合には，浸透施設へ汚水が逆流しないよう，できるだけ高い位置に接続する．
- 浸透施設底面と地下水位は，適切な離隔を確保する．
- 浸透施設に雨水以外の水（汚水等）が流入しないように注意する．

5.6.3 蒸発散施設

> 蒸発散施設は，所定の蒸発散機能を損なわないよう施工する．

蒸発散施設の施工にあたっては，製品によって，保水性舗装に関しては保水材や舗装の構造によって施工方法が異なるため，その特性を十分に把握したうえで行う．

参考として，アスファルト舗装系保水性舗装の施工手順および留意点を以下に示す．

　路面清掃→型枠設置→乳剤散布→舗設→保水材の充填

- 保水性舗装の性能を確保するためには，所定の空げき率を確保することが重要である．そのためには，施工における施工機械の種類や混合物の温度管理に十分な配慮が必要である．
- 締固めにあたっては，初転圧，二次転圧ともに転圧回数や転圧時の温度等をアスファルトの種類や配合に合わせて調整する．
- 保水材の施工は，一般に舗装表面の温度が50℃程度以下になってから行う．その場合，舗装表面にゴミ，泥，水などが残っていないことを確認する．

5.7 耐震・防振・防音対策
5.7.1 耐　震

> 機器や配管の設置にあたり，必要に応じて耐震対策を講じる．

雨水活用システムのすべての装置について，以下のように耐震対策を講じる．

- 機器，配管の設置場所，設備機器の耐震クラスにより適切な耐震対策を行う．
- 機器は，地震による振動により，転倒・横すべり・離脱を起こさないよう，床・はり・壁にアンカーボルト等で堅固に固定する．
- 耐震対策の配管支持は，振止め・支持金物を用いて，十分な強度を持たせて床・はり・壁に堅固に取り付ける．
- 機器や配管の耐震施工の詳細は，「建築設備耐震設計・施工指針」（（一財）日本建築センター発行）等に準拠して行う．

5.7.2 防振

> 機器や配管の設置にあたり，必要に応じて防振対策を講じる．

雨水活用システムのすべての装置について，以下のように防振対策を講じる．

- 機器，配管の設置場所，建物用途により適切な防振対策を行う．
- 建物構造体への機器の振動の伝達防止のため，機器と床面，機器と架台の間に金属ばねや防振ゴム等の防振材を挿入する．
- ポンプからの防振は，ゴム製フレキシブル継手等を用いて配管への振動伝播を防止する．
- 機器や配管の防振施工の詳細は，「空気調和・給排水衛生設備の施工の実務の知識」（(公社)空気調和・衛生工学会発行）等に準拠して行う．

5.7.3 防音

> 機器や配管の設置にあたり，必要に応じて防音対策を講じる．

雨水活用システムのすべての装置について，以下のように防音対策を講じる．

- 機器，配管の設置場所，建物用途により適切な防音対策を行う．
- 機器や配管の防音施工の詳細は，「空気調和・給排水衛生設備の施工の実務の知識」（(公社)空気調和・衛生工学会発行）等に準拠して行う．

5.8 凍結防止対策

> 凍結のおそれがある地域では，必要に応じて配管や水槽等の凍結防止対策を講じる．

雨水活用システムのすべての装置について，必要に応じ，以下のように凍結防止対策を講じる．

- 配管の凍結防止方法は，その必要により保温被覆や電気ヒーター等による対策を行う．
- 屋外配管では，凍結深度以下に埋設する．
- 水が抜けないため，逆鳥居配管は避ける．
- 雨水貯留槽等は凍結による機能障害がないように，屋内設置または凍結深度以下に埋設する．低温になる場合には，水槽の中に投げ込みヒーターを入れる等の対策を行う．
- 水道直結部分の給水装置については，各自治体による規定に準拠する．

5.9 試験・検査

> 施工中，竣工前に系統，用途に即した試験・検査を行い，破損や不備がなく施設の機能が十分果たせていることを確認する．

雨水活用システム全体および各々の装置について，施工中または竣工前に以下のような試験・検査を行う．試験・検査の詳細は，「空気調和・衛生設備工事標準仕様書（SHASE-S 010-2013）」，「給排水衛生設備規準・同解説（SHASE-S 206-2009）」（（公社）空気調和・衛生工学会発行）等に準拠して行う．

(1) 配管の検査
　　各配管は，配管工事中，竣工前等でその系統，用途に応じた水圧試験・満水試験等を実施する．
　　・部分検査：配管の地下埋込み，隠ぺい，被覆や塗装前に，耐圧・漏水の有無の確認を行う．
　　・全体検査：工事のすべてが完了したときに，機能や性能が適切か検査を行う．また，適度な降雨があるときに，性能・機能検査を行うことも必要である．

(2) 装置の検査
　　各装置は，耐圧・漏水の有無の確認のほか，設計仕様どおりの性能・機能が果たせているかを確認する．

5.10 使用前のクリーニング

> 集雨面（屋根等），とい（樋），雨水貯留槽，配雨配管等は，クリーニングを行った後，使用を開始する．

集雨面（屋根等），とい（樋），雨水貯留槽，配雨配管等の施工時には，施工時の汚れや切断くず，といや配管のシール材等からの浸出物質，配管内や雨水貯留槽内の汚れによる雨水への汚染が懸念されるため，使用前に配管のフラッシングや雨水貯留槽，集雨面，とい（樋）の清掃等のクリーニングを十分に行う．

6章 運　用

6.1 一般事項
6.1.1 目　的

> 雨水活用システムを維持し，効率的な雨水活用を行うために，それぞれの装置について，維持管理方法等を示す．

　運用ガイドラインでは，雨水活用システムの維持や安全性の確保を図るために，装置ごとに維持管理の期間の目安とその方法を示す．
　雨水活用システムの所有者は，システムの適切な維持のために，各装置の機能を正常に保ち，適正な水質を確保しなければならない．雨水活用システムを管理するには，保守・点検内容などにおいて一定の「決まり」を満たす必要がある．そのためには，運用方法やトラブルに対処できるさまざまな知識や技術を身につけている必要がある．所有者本人がこれらの知識や技術を身につけ，維持管理を行うことも可能であるが，それが困難な場合，適切な知識と技術を有する専門の技術者に委託し，維持管理を行う．

6.1.2 維持管理技術者

> 雨水活用システムの維持管理は，適切な知識と技術を有する者が行う．

　「建築物における衛生的環境の確保に関する法律」では，その対象建築物の維持管理が，環境衛生上適正に行われるように監督させるため，「建築物環境衛生管理技術者」を選任することを規定している．雨水活用システムについても同様に，維持管理者を定め，適切な維持管理を行う必要がある．
　雨水活用システムの管理については高い専門性が必要とされるため，建築物環境衛生管理技術者等の知識だけでは十分な管理は難しい．したがって，建築物の大小にかかわらず，雨水活用システムの適正な維持管理のためには専門の技術者が必要と言える．そのため，近年，雨水活用システムの維持管理者のための育成講座や「雨水活用施設維持管理技士」の認定を行っている団体もあり，必要に応じてこのような講座の受講者や資格認定者を維持管理技術者として活用することが有効である．

6.1.3 記録の作成

> 雨水活用システムの運用にあたり，必要に応じ，維持管理の記録を残す．

　必要に応じ，雨水活用システムの維持管理記録を作成する．装置ごとに，日付，実施した内容，その時の様子などを記録した維持管理簿を作成し，建築物衛生法の定めに準じ5年間保管すること，また，水質データについては，長期にわたって保管することが望ましい．

6.1.4 保守点検の内容と周期

> 保守点検の箇所，内容，周期を決め，適切に維持管理を行う．

維持管理のための点検箇所および点検内容，点検周期，清掃周期の参考例を表 6.1.4.1 に示す．

表 6.1.4.1 点検箇所および点検内容，点検周期，清掃周期の例[1]

点検箇所 設備・装置	点検内容	週	月	半年	1年	掃除周期
水質検査	1. 遊離残留塩素（結合残留塩素）	○				
	2. 大腸菌		2ヶ月			
	3. 濁度		2ヶ月			
雨水利用水量	1. 降雨（雨量）の記録	○				
	2. 処理水量の記録	○				
	3. 上水補給水量の記録	○				
	4. 雑用水量の記録	○				
集雨装置	1. 屋根面，ルーフドレンの汚れ，混入物の除去			○		2～3日および降雨後
	2. 自動弁作動点検			○		
	3. 沈砂槽等への送水管内のたい積，汚れ，汚水の点検			○		
スクリーン	1. 落ち葉、ゴミ等，固形物の除去					降雨後清掃
	2. スクリーンの腐食状況			○		
	3. スクリーンの保持の堅牢性			○		
	4. かき揚げ装置の作動点検			○		
沈砂槽	1. 槽内の汚れ，沈殿物，浮遊物の点検		○			年に1回程度
	2. 蚊等の発生状況		○			
	3. マンホール（カギ）の点検			○		
	4. 構造物の損傷の点検				○	
沈殿槽	1. 槽内の汚れ，浮遊物の点検			○		年に1回程度
	2. 昆虫の発生状況		○			
	3. マンホール（カギ）の点検			○		
	4. 構造物の損傷の点検			○		
雨水貯留槽	1. 槽内の沈殿物および汚れの点検		○			
	2. 警報装置および自動弁作動点検			○		
	3. 構造物の損傷の点検			○		
	4. マンホールの点検			○		
	5. 通気管の防虫網の点検			○		
	6. 送水ポンプ類の作動点検			○		
ストレーナ	1. 網の破損状態の点検			○		6か月に1回程度
	2. 機器の点検		○			
ろ過装置	1. ろ槽の閉塞状況の点検		○			
	2. 機器（弁類）の点検			○		
	3. ろ材の点検			○		
雑用水槽	1. 槽内の沈殿物および汚れの点検		○			年に1回程度
	2. 警報装置および自動弁作動点検			○		
	3. 構造物の損傷の点検			○		
	4. 補給水設備の作動点検			○		
	5. マンホールの点検			○		
	6. 通気管の防虫網の点検			○		
	7. 送水ポンプ類の作動点検			○		
雑用水高置水槽	1. 槽内の沈殿物および汚れの点検		○			
	2. 電極装置の作動確認			○		
	3. 構造物の損傷の点検			○		
	4. マンホールの鍵，防虫網の点検			○		
	5. 管類の破損の点検			○		
付属装置	1. 水位計、流量計量装置、自動弁、オーバーフロー管、降雨センサー（雨量計）、残留塩素濃度計、操作盤の点検			○		
	2. 消毒装置の点検		○			6か月に1回程度

注）点検の記録は，5年間保存するものとする．

〈出典〉1) 公共建築協会：雨水利用・排水再利用設備計画基準・同解説 平成28年版

6.2 集雨装置の維持管理
6.2.1 集雨面

> 集雨面について，必要に応じて維持管理を行う．

　集雨に使用する屋根について，水質を悪化させるおそれのある汚れ等がないように，必要に応じて以下の維持管理を行う．

(1) 屋根の汚れの状況を確認する．
　　半年に1回程度，目視で屋根の汚れを点検する．
(2) 必要に応じて屋根の清掃をする．
　　屋根の種類は，陸屋根，緑化屋根等多様である．屋根の汚れが顕著な場合，屋根を清掃する．
(3) 随時，維持管理内容を記録する．
　　点検，清掃等を実施したときには，保守点検記録表にその内容を記録する．

6.2.2 ドレン

> ドレンについて，必要に応じて維持管理を行う．

　集雨に使用するドレンについて，汚れ，つまり等がないように，必要に応じて以下の維持管理を行う．

(1) 半年に1回，目視でドレンの汚れ，つまりの状況を点検する．
　　必要に応じて清掃する．
(2) ドレンの構造点検をする．
　　異常が確認された場合，ただちに補修・交換等の適切な対応をする．
(3) 随時，維持管理内容を記録する．
　　点検，清掃等を実施したときには，保守点検記録表にその内容を記録する．

6．2．3 とい（樋）

> とい（樋）について，必要に応じて維持管理を行う．

集雨に使用するとい（樋）について，汚れ，つまり等がないように，必要に応じて以下の維持管理を行う．

（1）半年に1回，目視でとい（樋）の汚れ，つまりの状況を点検する．
　　集雨面周辺に背の高い樹木などが多い場合には，落ち葉などによって詰まる可能性が高いため，点検頻度を高める．点検結果に応じて，適宜清掃する．
（2）随時，維持管理内容を記録する．
　　点検，清掃等を実施したときには，保守点検記録表にその内容を記録する．

6．2．4 取水装置

> 取水装置について，必要に応じて維持管理を行う．

雨水を取水する取水装置は，汚れ，つまり等がないように，必要に応じて以下の維持管理を行う．

（1）取水装置内部を確認する．
　　汚れ，つまり等がある場合，清掃する．
（2）取水装置の構造点検・動作確認をする．
　　異常が確認された場合，ただちに補修等の適切な対応をする．
（3）随時，維持管理内容を記録する．
　　点検，清掃等を実施したときには，保守点検記録表にその内容を記録する．

6．3　保雨施設（雨水タンクおよび雨水貯留槽）の維持管理

> 保雨施設は，雨水の水質を維持するため，必要に応じて維持管理を行う．用途や集雨，整雨，保雨の方法によって検査の頻度を調整し，維持管理する．

雨水を貯留する雨水タンクおよび雨水貯留槽について，必要に応じて以下の維持管理を行う．

（1）貯水状況を確認する．
　　・月に1回，目視で水位を確認する．
　　・必要に応じて補給水（水道水等）を入れる．
（2）雨水タンクおよび雨水貯留槽内の雨水の水質を確認する．
　　・月に1回，目視で沈殿物，異物の有無を確認する．
　　・制菌が必要な用途に用いる場合は，維持管理の頻度を高め，少なくとも週1回は確認する．
（3）必要に応じて水質検査を実施する．
　　雨水タンクおよび雨水貯留槽内の雨水の水質を確認するため，水質検査を検査機関に依頼する．
（4）雨水タンクおよび雨水貯留槽の構造点検をする．
　　・年に1回，目視で雨水タンクおよび雨水貯留槽の外側，内部の構造を点検する．
　　・異常が確認された場合，直ちに補修等の適切な対応をする．

(5) 必要に応じて雨水タンクおよび雨水貯留槽内部を清掃する．
   沈殿物，異物の混入等が顕著である場合，雨水タンクおよび雨水貯留槽内を清掃する．
(6) 随時，維持管理内容を記録する．
   点検，清掃等を実施したときには，保守点検記録表にその内容を記録する．

6.4 整雨装置・制菌装置の維持管理

> 整雨装置・制菌装置は，製品添付の取扱説明書に従い，維持管理を行う．

整雨装置・制菌装置は，以下の維持管理を行う．

(1) 整雨装置
1) 沈殿

沈殿状況の点検において，流入付近の底部の沈殿物がかくはん（撹拌）されていないか，さらに沈殿物のたい積状況を目視で確認する．目視できない場合は，汚泥厚測定器で測定する．また，浮上物の有無の確認も必要である．

2) ろ過
・砂ろ過装置

稼働時間および時間あたりの処理水量が適当であるか，さらに逆洗頻度が適当であるか等を点検する必要がある．小規模ろ過装置の定期点検項目を表 6.4.1 に示す．

・膜処理

膜の種類を確認し，交換期限が定められている場合は，期日内に交換する．また，膜破断検知システムがある場合は，正常に起動するか確認する．

表 6.4.1 小規模ろ過装置の定期点検項目 [1]

項目	点検調整箇所	点検項目	点検方法	判断基準	点検周期 日常	1ヶ月	6ヶ月	1年	消耗部品 交換時期の目安
ろ過装置	空気抜弁	エアたまりがないか	空気抜弁開	本体上部にエアたまりがないこと	○				ー
	ろ過材	適正量はあるか	目視	基準位置までろ材が充填されていること				○	3〜5年
	運転状況	流量	測定	仕様通りであること		○			ー
	内部	発錆はないか	目視	発錆のないこと				○	そのつど防錆塗装のこと
	外観	発錆はないか	目視	発錆のないこと	○				そのつど防錆塗装のこと

〈出典〉1) NPO法人雨水まちづくりサポート：雨水活用施設維持管理技士テキスト

(2) 制菌装置

次亜塩素酸ナトリウムを用いる制菌装置は，薬液タンク，定量ダイヤフラムポンプで構成される．

1) 薬液タンク

次亜塩素酸ナトリウムを貯えるタンクである．希釈せずに，原液で使用することが望ましい．

必要に応じて雨水タンク内のたい積物の様子を確認し，清掃を行う．

2) 薬注ポンプ

次亜塩素酸ナトリウムを注入するダイヤフラムポンプは，耐圧ホース，サイホン止めチャッキ弁を用いて注入する．サイホン止めチャッキ弁は，ライン注入の場合，雨水と次亜塩素酸ナトリウムの接触によりカルシウムなどの生成物を発生させ，閉塞することがある．その場合，分解清掃を行う．

6．5 配雨設備（配管・継手，ポンプ，水栓等末端器具，制御装置等）の維持管理
6．5．1 配管・継手，ポンプ，制御装置等

> 雨水タンクまたは雨水貯留槽などの貯水状況を把握し，利用水量に応じて適切かつ円滑に雨水を配水または排水できるようにするため，ポンプおよび制御装置などは，必要に応じて維持管理を行う．

ポンプおよび制御装置などは半年に1回以上，以下の維持管理を行う．

(1) 配管・継手，ポンプ，制御装置等の点検を行う．

ポンプ，量水器，水位計，バルブ，センサーおよび制御盤やモニタリングシステムなどの故障，誤作動，不具合，騒音，振動などの点検を行う．また，点検を実施したときに不具合が生じていた場合（異常時）には，交換や修理などを行う．

- ポ ン プ 類：電流値と絶縁抵抗値の計測により故障,誤作動や漏電などを点検する．また，水漏れ，凍結，異様な騒音や振動の有無なども点検する．
- 量水器等測定装置：雨量計，量水器，水位計を目視や超音波流量計などにより故障，誤作動，凍結を点検する．
- バ ル ブ：電動バルブと手動バルブなどが適切に作動するかなどを点検する．また，水漏れ，開閉，故障，誤作動なども点検する．
- セ ン サ ー：水位センサー，ポンプ作動センサーなどの故障や誤作動を点検する．
- 制 御 盤：流量制御（補給用上水など）や水位制御などが適切に行われているかを点検する．
- モニタリングシステム：流量や水位，運転状態などの情報が適切に表示されているのか，また，設定できるかなどを点検する．
- そ の 他：ポンプおよび制御装置にかかわる非常用電源やネットワーク管理システムなどを有する場合には，これらも点検する．ただし，非常用電源が供給されている電動ポンプは，非常用電源によりポンプが正常に運転できるかも点検する．また，手動運転ができるポンプも同様に，正常な手動運転ができるかを点検する．

(2) 随時，維持管理を記録する．

点検，修理や交換等を実施したときには，記録簿へ実施内容を記録する．

6.5.2 水栓・便器等末端器具

> 水栓・便器等の末端器具が適切に働くように，必要に応じて維持管理を行う．

水栓や便器等は，上水の使用を想定したものであるため，上水を使用する場合に比べ，点検，清掃や部品の交換頻度を上げる必要がある．

（1）水栓・便器等末端器具およびその他の機械類の点検を行う．
　　月に1回以上，正常に作動するか確認する．
（2）必要に応じて，水栓・便器等末端器具の部品および本体を交換する．
　　水栓，便器等の末端の部品および本体が正常に作動しない場合，交換を行う．
（3）随時，維持管理を記録する．
　　点検，交換等を実施したとき，記録簿へ実施内容を記録する．

6.6 一時貯留・浸透・蒸発散施設の維持管理

> 一時貯留・浸透・蒸発散施設は，それぞれの施設の能力が低下しないよう，定期的に維持管理を行う．

それぞれの施設の能力の継続性と安定性に主眼をおき，適正かつ効率的，経済的に維持管理を行う．地下埋設する施設の場合，外見では機能の低下度合を判断しにくい．機能が低下した状態を放置しておくと，機能回復を試みても復帰しないということにもなる．このような事態にならないよう，施設の維持管理にあたっては，施設の構造形式や設置場所の土地利用および地形などを十分に把握することにより，目詰まりによる能力の低下等を防止し，かつ安定的に機能が発揮できるように，その方法や頻度を定めることが重要である．

一般的には，下記に関する点検を実施し，必要に応じて適宜清掃や補修を行う．

（1）能力の継続に向けた点検項目
　・流入施設や放流施設への土砂，落ち葉等のたい積状況
　・管口フィルター等の目詰まり防止装置のゴミ等のたい積状況
（2）施設の保守に関する点検項目
　・集水ます等のふたのずれ
　・施設の破損・変形状況
　・地表面の沈下や陥没の状況

6.7 システムの評価

> 雨水活用システムは，水質と水量の測定値と目標値とを比較してシステムや装置を評価する．

雨水活用システムに整雨装置や制菌装置を設ける場合，目標とする水質や水量を維持しているかどうかを評価することが必要であり，不具合が生じている場合は対策を検討する．

6.7.1 水質の評価

> 利用する雨水の水質検査を，所定の頻度で行うことにより，整雨装置や制菌装置が正常に稼働しているかを評価する．

雨水を利用する際，「建築物における衛生的環境の確保に関する法律」（以下，建築物衛生法という）の対象となる建築物では，利用用途は，散水・修景・清掃・水洗便所に限定され，水質基準が設けられている．建築物衛生法の対象となる建築物においては，雨水の利用規模の大小にかかわらず，表6.7.1.1 に示す同法第4条に基づく水質基準を遵守する．

一方，戸建住宅や建築物衛生法の対象とならない小規模の建築物で雨水を利用する場合，水質に関する法令はないが，衛生面での安全性を考慮し，表6.7.1.1 に示す水質基準に準拠することが望ましい．なお，トイレの流し水にのみ使用する場合は，濁度の基準は適用されない．

表 6.7.1.1 利用する雨水の水質

項　目	基　準	
用　途	散水用水・修景用水・清掃用水	トイレの流し水
遊離残留塩素 （結合残留塩素）	給水栓の水で 0.1mg/L※以上に保持すること （0.4mg/L※以上に保持すること）	同　左
pH 値	5.8 以上 8.6 以下	同　左
臭　気	異常でないこと	同　左
外　観	ほとんど無色透明であること	同　左
大腸菌	検出されないこと	同　左
濁　度	2 度以下	―

※建築物衛生法で示される「遊離残留塩素の含有率を百万分の0.1（結合残留塩素の場合は百万分の0.4以上に保持する）を，水質検査等で一般的に用いられている濃度の単位に置き換えて表現したもの

また，処理工程の沈殿槽，砂ろ過装置，膜処理等の各部位の性能評価は，濁度によって評価する．水質検査は，検査を行う雨水の水質が水質基準に適合しているか，利用上支障があるかを判断するため，定期的に行う．検査項目と頻度については表6.7.1.2 に示す．検査に用いる水は，上水試験方法の試料採取マニュアルに従って行う．配管内で長時間滞留していると水質が変化しているので，雨水給水系統の末端水栓（採取可能場所）において，毎分約5Lの流量で5分間程度流して捨てた後，水温が安定したことを確認し，採取することとなっている．

表 6.7.1.2 水質検査の頻度

設備・装置	内 容	点検周期：週	点検周期：2か月
水質検査	遊離残留塩素	○	
	大腸菌		○
	濁 度		○

6.7.2 水量の評価

> 雨水活用における水量の評価は，降水量や雨水の利用量，補給用水量などの水量データを用いた上水代替率，雨水利用率などの指標によって評価する．

(1) 上水代替率，雨水利用率などの算定を行う．

　水量の評価においては，上水代替率，雨水利用率などを用い評価を行う．特に，上水代替率や雨水利用率の評価は年間を基本とするが，月間の評価を行うことにより，雨水の利用状況を詳細に把握できる．

・上水代替率は，雨水を利用することにより上水をどれだけ節約できたかを評価する指標であり，雨水活用システムの経済性評価にも用いることができる．上水代替率は，以下の式により計算される．

$$上水代替率（\%）＝ 雨水利用量／（雨水利用量＋補給水量）\times 100$$

ここで，補給水には上水が使用される場合が多いが，井水や再生水などが使用されることもある．

・雨水利用率は，集雨量に対し，雨水をどれだけ活用できたかを評価する指標であり，以下の式により計算される．

$$雨水利用率（\%）＝（雨水利用量／集雨量）\times 100$$

ここで，集雨量は，降水量と集雨面積に流出係数等を乗じて求める．降水量を計測していない場合は，気象庁の地域気象観測システム（アメダス AMeDAS）データ等を利用する．

(2) 水量の評価を記録する．

　水量の評価を実施したとき，記録簿へ評価内容と評価結果を記録する．

日本建築学会環境基準
AIJES-W0002-2019
雨水活用建築ガイドライン

2011年7月25日　第1版第1刷
2019年3月1日　第2版第1刷

編　集
著作人　一般社団法人　日本建築学会

印刷所　昭和情報プロセス株式会社

発行所　一般社団法人　日本建築学会
　　　　108-8414　東京都港区芝 5-26-20
　　　　電　話・(03) 3456-2051
　　　　F A X・(03) 3456-2058
　　　　http://www.aij.or.jp/

発売所　丸善出版株式会社
　　　　101-0051　東京都千代田区神田神保町 2-17
　　　　　　　　　神田神保町ビル
　　　　電　話・(03) 3512-3256

Ⓒ 日本建築学会 2019

ISBN978-4-8189-3633-1　C3352